기초 헤어커트 실습서

최은정 · 강갑연 공저

光文閣
www.kwangmoonkag.co.kr

머리말

현장 실무에서 가장 기본이 되는 헤어커트는 모발에 가위와 빗을 이용하여 조형적으로 아름다운 형태를 디자인하는 것으로 우리가 입은 의상의 디자인이나 색깔에 따라 개개인의 개성을 표현하듯이 헤어디자인에 있어서도 고객의 모발의 특성과 신체적인 특징을 파악 후 머리의 형태나 질감 표현, 컬러 등을 통해서 이미지를 연출해야 한다. 이러한 디자인을 표현하기 위해서는 기본에 충실해야만 가능할 수 있다.

베이식으로 구성되어 있는 이 실습서는 기초 헤어커트의 워크북으로 헤어커트 4가지 기본형의 분석과 각 커트형의 특징을 파악한 후 도해도 그리는 법, 구조그래픽 그리는 법, 헤어커트 시술 절차에 따라 커트할 수 있도록 하였다.

또한, 교재 내용에는 기초 헤어커트를 수행하는데 필요로 하는 기본 능력 수준을 학생들이 스스로가 점검할 수 있는 자가진단 평가서가 들어 있고 이 평가를 토대로 부족한 부분은 별도의 학습을 통해 피드백을 받도록 구성되어 있다.

헤어커트의 베이식 과정인 이 실습서를 다 마치고 나면 다음 단계의 응용 헤어커트를 하는 데 유용한 지침서가 될 수 있을 거라 믿으며, 기초 헤어커트 실습서를 통하여 수업을 받는 학생들이 기본적인 개념을 이해하고 커트에 대한 흥미와 관심을 가지고 기술을 습득하여 뷰티산업 발전에 기여할 수 있는 주역이 되길 간절히 희망한다.

끝으로 이 실습서가 출간하기까지 믿고 수고해 주신 광문각출판사 박정태 회장님과 임직원분들께 깊은 감사의 말씀을 드립니다.

2017년 2월 저자

BASIC HAIR CUT

CONTENTS

Part 1 | 이론편

Part 2 | 실기편

BASIC HAIR CUT

BASIC HAIR CUT

1. 이론편

CHAPTER

헤어디자인의 개념 및 요소

BASIC HAIR CUT BASIC HAIR CUT BASIC HAIR CUT BASIC HAIR CUT BASIC HAIR CUT BASIC HAIR CUT

1. 헤어디자인의 개념

(1) 헤어커트의 기초

헤어커트는 헤어스타일을 만드는데 기초가 되는 기술로 헤어 셰이핑이라고 하며 '머리 형태를 만든다'라는 뜻이다.

(2) 헤어커트의 목적

헤어커트는 모발의 길이를 정리하는 것으로 모발의 밀도를 정리하여 머리 모양을 완성시키기 위한 헤어스타일의 기초를 만드는 것을 목적으로 한다. 헤어커트에 사용되는 도구는 가위(Scissors), 레이저(Razor), 빗(Comb), 클리퍼(Clipper)가 있다.

① 가위
- 웨트 커트(Wet Cut) : 모발에 수분을 적셔서 시술
- 드라이 커트(Dry Cut) : 모발에 수분을 적시지 않고 마른 상태에서 시술

② 레이저 : 커트 시 모발에 수분을 충분히 적시어 시술

③ 클리퍼 : 남자 커트와 여성의 짧은 머리(쇼트 커트) 등에 많이 사용

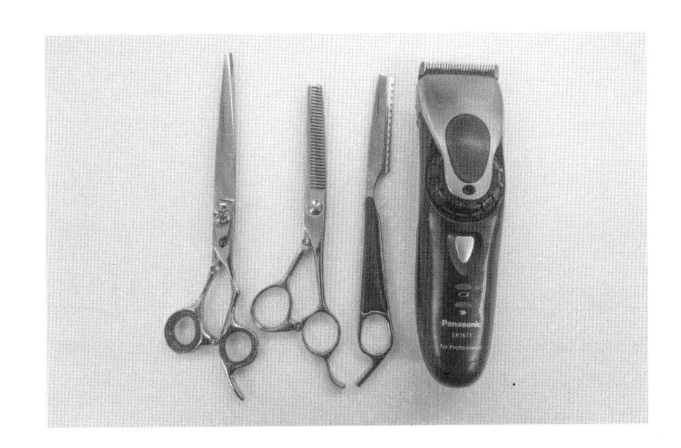

2. 헤어디자인의 요소

헤어디자인 분야는 미적인 표현뿐만 아니라 개성적인 표현으로도 만족시켜 주는 응용예술로서 창조적 디자인을 위한 구성 요소로 형태, 질감, 색채를 헤어디자인의 3요소라 한다.

(1) 형태(Form)

형의 3요소 - 선, 방향, 모양

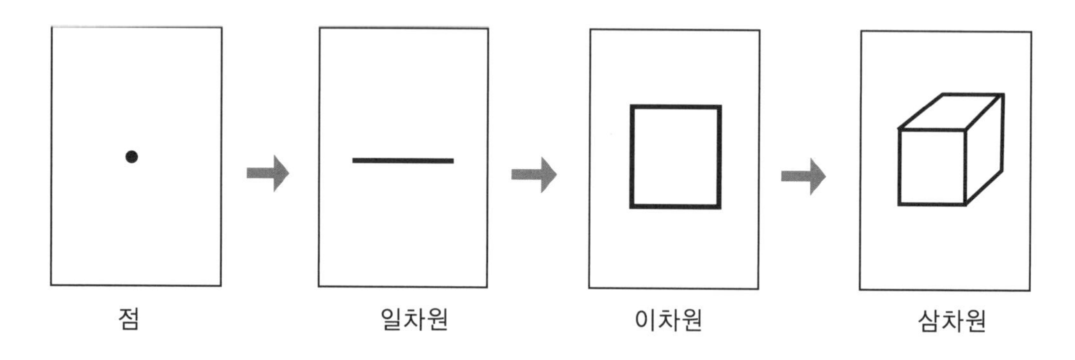

(2) 형의 분석

자연 시술각 (중력에 의한 각도/ 천체축 기준)	일반 시술각 (두상의 각도)
중력에 의해 모발이 자연스럽게 늘어 떨어지는 각도 (원랭스, 그래듀에이션)	두상으로부터 모든 모발이 90° 들려졌을 때 각도(유니폼 레이어)

(3) 질감(Texture)

촉각과 시각으로 느낄 수 있는 모발의 표면 또는 질감도 관찰하게 된다.

① 액티베이트(Activated) : 잘린 모발 끝이 보이는 질감
(활동적인 질감 - 유니폼 레이어, 인크리스 레이어)

② 언액티베이트(Un Activated) : 잘린 모발 끝이 보이지 않는 매끄러운 질감
(비활동적인 질감 - 원랭스)

③ 혼합형(Combination) : 액티베이트와 언액티베이트의 두 가지 질감이 혼합
(그래듀에이션)

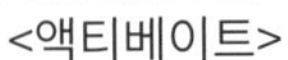

<액티베이트> <혼합형> <언액티베이트>

(4) 색채(Color)

물체에 빛이 반사될 때 얻어지는 시각적 효과로 길이와 부피감, 머릿결, 움직임과 방향감에 영향을 준다.

■ 액티베이트, 언액티베이트, 혼합형 질감의 헤어스타일을 스크랩하세요.

CHAPTER

두상과 헤어라인 명칭

BASIC HAIR CUT BASIC HAIR CUT BASIC HAIR CUT BASIC HAIR CUT BASIC HAIR CUT BASIC HAIR CUT

1. 두상의 15포인트 명칭

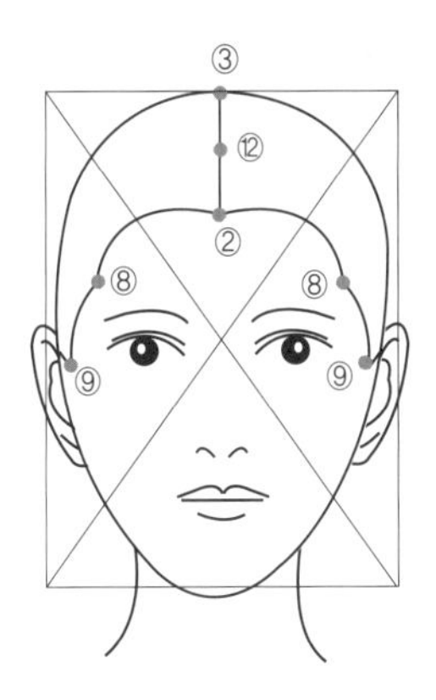

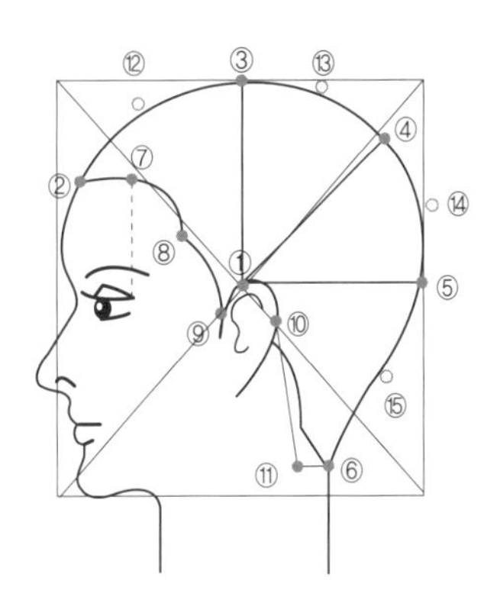

번호	약자	명칭
1	E.P	이어 포인트(Ear Point)
2	C.P	센터 포인트(Center Point)
3	T.P	톱 포인트(Top Point)
4	G.P	골덴 포인트(Golden Point)
5	B.P	백 포인트(Back Point)
6	N.P	네이프 포인트(Nape Point)
7	F.S.P	프런트 사이드 포인트(좌·우)(Front Side Point)
8	S.P	사이드 포인트(Side Point)
9	S.C.P	사이드 코너 포인트(Side Cernir Point)
10	E.B.P	이어 백 포인트(Ear Back Pont)
11	N.S.P	네이프 사이드 포인트(Nape Side Point)
12	C.T.M.P	센터 톱 미디엄 포인트(Cent Top Medium Point)
13	T.G.M.P	톱 골덴 미디엄 포인트(Top Goilden Medium Point)
14	G.B.M.P	골덴 백 미디엄 포인트(Golden Back Medium Point)
15	B.N.M.P	백 네이프 미디엄 포인트(Back Nape Medium Point)

2. 두상의 부위별 명칭

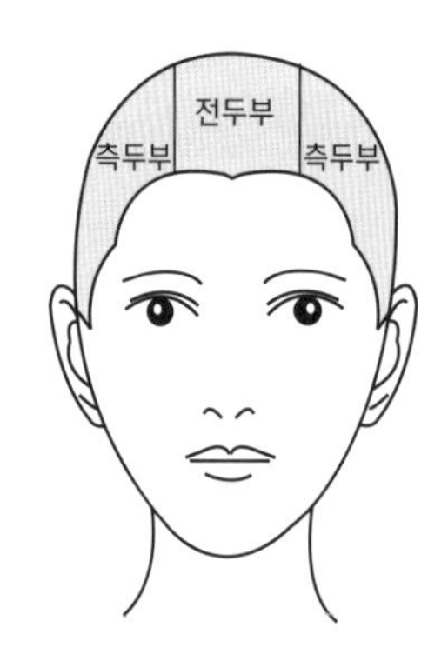

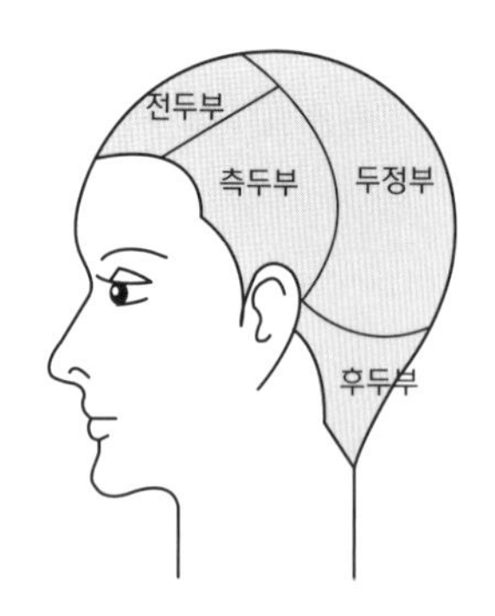

3.두상의 분할 라인

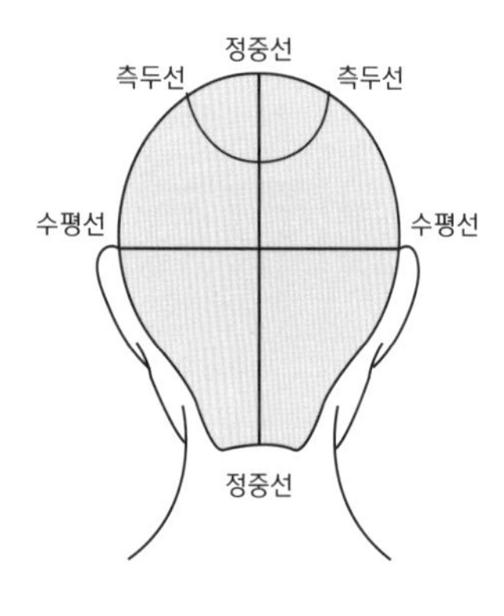

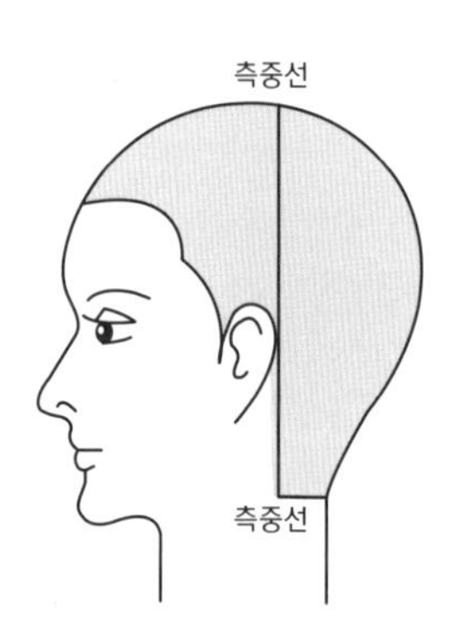

번호	명칭	설명	
1	정중선	C.P-T.P-N.P	코를 중심으로 두상 전체를 수직으로 가른 선
2	측중선	T.P-E.P	두상의 부위를 T.P~E.P까지 수직으로 가른 선
3	수평선	E.P-B.P-E.P	E.P의 높이를 수평으로 가른 선
4	측두선	F.S.P (U라인)	눈 끝을 위로 측중선까지 연결한 선

4. 두상의 분할

- 인테리어(Interior) : 크레스트 윗부분의 명칭
- 엑스테리어(Exterior) : 크레스트 아랫부분의 명칭
- 크레스트(Crest Area) : 두상의 가장 넓은 부분의 명칭

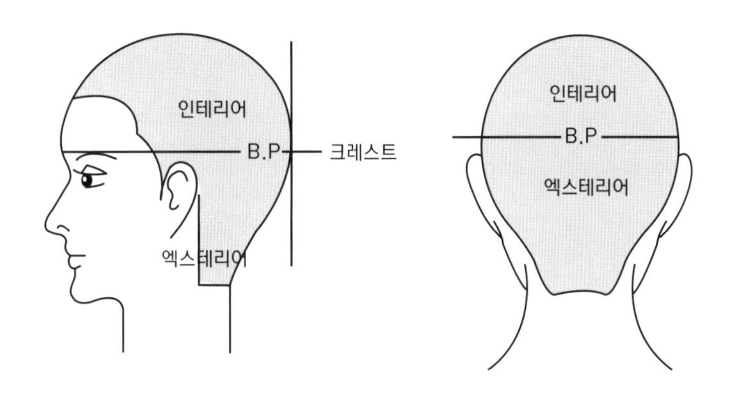

■ 두상의 부위별 명칭을 써넣으세요.

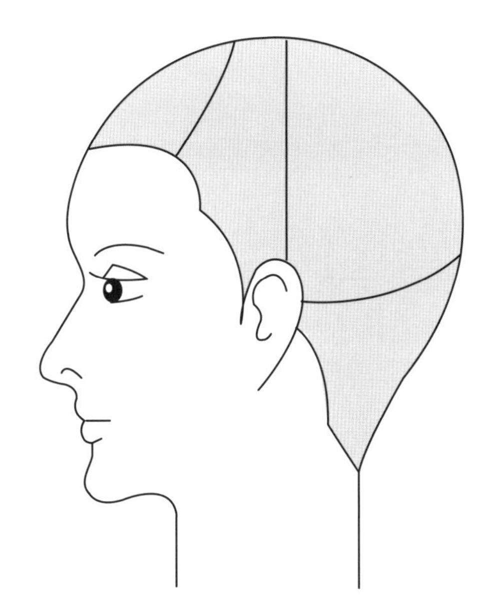

5. 헤어디자인의 기본 용어

① 블로킹(Blocking) : 정확한 작업을 위해 두상을 큰 구역으로 나누는 것

② 슬라이스(Slice) : 일정량의 모발을 얇게 뜨는 것

③ 섹션(Section) : 작업하기 편하게 블로킹보다 더 작게 구역으로 나누는 것

④ 패널(Panel) : 한 장의 판과 같이 떠낸 섹션을 빗질하여 판판하게 잡은 상태

⑤ 텐션(Tension) : 모발을 손가락으로 잡았을 때 당기는 힘의 정도

⑥ 네이프 라인(Nape Line) : 모발이 나기 시작하는 선

⑦ 파팅(Parting) : 커트 시술 시 모발을 나누어 분배하고 조절해 주기 위한 섹션을 소 섹션으로 나누어 주는 선

⑧ 가이드라인(GuideLine) : 안내선이라 함. 헤어커트 시 처음으로 기준을 잡아주는 선

⑨ 온 더 베이스(On the Base) : 패널을 떠서 파팅의 중심이 두피로부터 직각(90°)으로 잡아 커트하는 방법

⑩ 오프 더 베이스(Off the Base) : 패널을 떠서 그 베이스의 중심이 사이드 베이스를 넘게 당겨서 커트하는 방법 (오른쪽 또는 왼쪽으로 얼마만큼 당기느냐에 따라 심한 사선 라인을 만듦)

⑪ 사이드 베이스(Side Base) : 베이스의 중심이 오른쪽 변 또는 왼쪽 변으로 선정하고 그 기준을 중심으로 모발의 길이가 점점 길어지거나 점점 짧아지는 것

⑫ 버티컬(Vertical) : 바닥에 대한 수직 방향

⑬ 호리존탈(Horizontal) : 바닥에 대한 가로 방향, 수평 방향

⑭ 다이애거널(Diagonal) : 바닥에 대한 사선 방향, 대각 방향

⑮ 크레스트(Crest Area) : 두상의 가장 넓은 부분

⑯ 인테리어(Interior) : 크레스트를 기준으로 윗부분

⑰ 엑스테리어(Exterior) : 크레스트를 기준으로 아랫부분

■ 두상의 15포인트와 명칭을 써넣으세요.

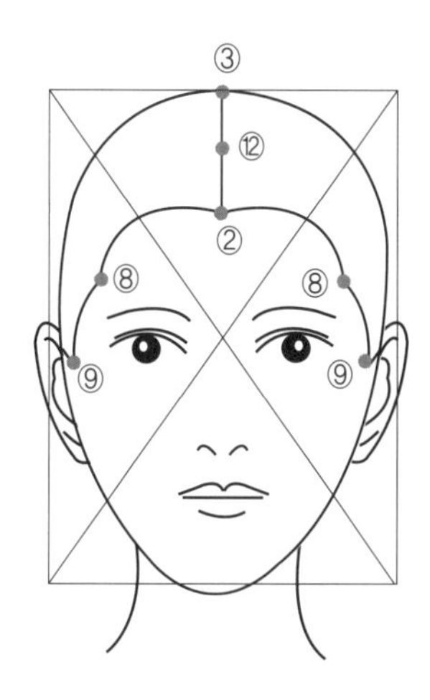

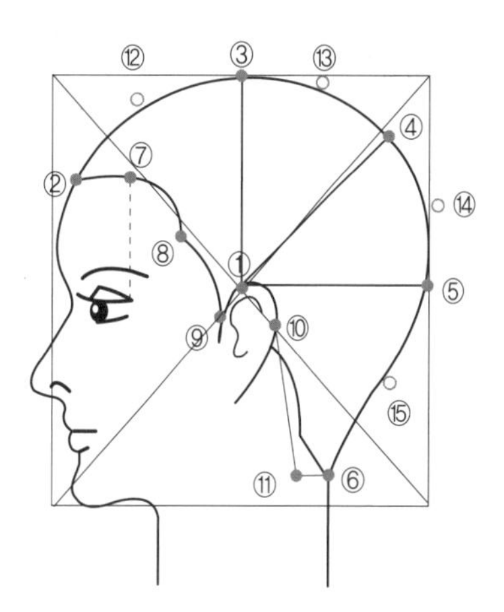

①

②

③

④

⑤

⑥

⑦

⑧

⑨

⑩

⑪

⑫

⑬

⑭

⑮

CHAPTER

헤어커트의 4가지 기본형

기본형	원랭스(솔리드) (One Length)	그래듀에이션 (Graduation)	인크리스 레이어 (Increase Layer)	유니폼 레이어 (Uniform Layer)
구조				
질감	언액티베이트	혼합형	액티베이트	엑티베이트
모양	종형	삼각형	긴 타원형	원형
특징	• 네이프에서 톱 쪽으로 갈수록 길이가 증가 • 모든 모발 길이가 한 레벨로 떨어짐 • 주변 머리에서 최대의 무게감 생김 • 시술각 : 0°, 자연 시술각	• 네이프에서 톱쪽으로 갈수록 길이가 증가 • 시술각에 의해 경사선이 생기고 무게지역 • 표준 시술각 : 45° • 시술각 : 1~89°	• 톱이 짧고 네이프로 갈수록 모발이 길어짐 • 90° 이상의 시술각을 이용하여 전체적으로 무게가 형성되지 않고 가벼워 보임 • 아웃 레이어, 롱 레이어라고도 불림	• 두상에서 90° 시술각 사용 • 모든 모발의 길이가 동일 • 무게지역이 생기지 않음 • 베이직 레이어, 세임 레이어라고도 불림

■ 원랭스의 헤어스타일을 붙이고 구조를 그림으로 그리세요.

헤어스타일

구조 그래픽

특징

■ 그래듀에이션의 헤어스타일을 붙이고 구조를 그림으로 그리세요.

헤어스타일

구조 그래픽

특징

■ 인크리스 레이어의 헤어스타일을 붙이고 구조를 그림으로 그리세요.

헤어스타일

구조 그래픽

특징

■ 유니폼 레이어의 헤어스타일을 붙이고 구조를 그림으로 그리세요.

헤어스타일

구조 그래픽

특징

CHAPTER

도구 분석

BASIC HAIR CUT BASIC HAIR CUT BASIC HAIR CUT BASIC HAIR CUT BASIC HAIR CUT BASIC HAIR CUT

헤어디자인 결정에 따라 커트할 모발 형태와 사용할 기법이 결정하며, 어떠한 도구를 사용할 것인가는 도구에 대한 숙련 정도와 어떠한 결과를 원하느냐에 따라 다르다. 선택된 도구는 형태 선에서 질감의 변화를 가져올 수 있다.

1. 가위(Scissors)

가위는 지레의 원리를 응용하여 만들어진 도구로서 커트 시술 시 가위의 선택은 개인적인 선호나 원하는 결과에 따라 다르게 선택한다.

(1) 가위의 구조

가위는 이동날(동인)과 고정날(정인), 조임쇠(선회축)로 구성되어 있다.

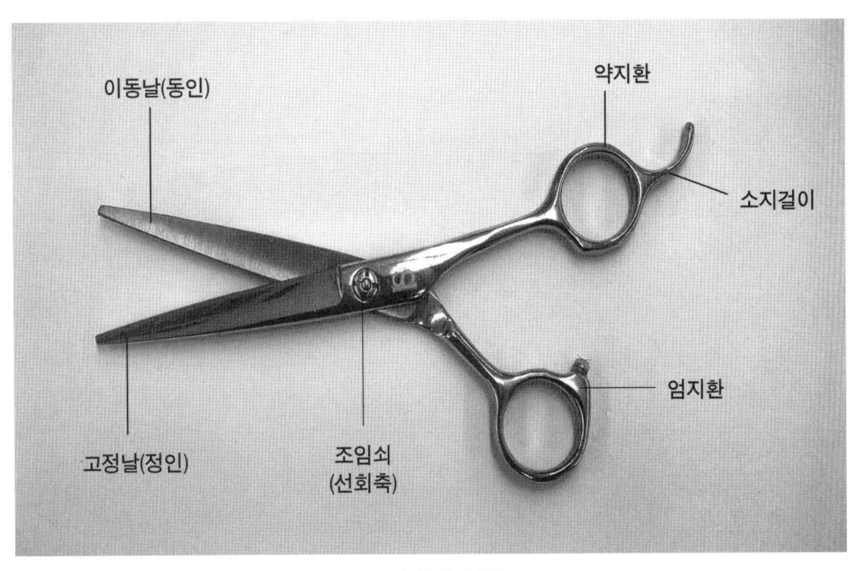

| 가위의 구조 |

① 이동날(Moving Blade) : 엄지손가락에 의해 조작되는 움직이는 날

② 고정날(Still Blade) : 약지손가락에 의해 조작되는 움직이지 않는 날

③ 조임쇠(Pivot Point) : 가위를 느슨하게 하거나 조이는 역할

④ 약지환(Finger Grip) : 정인에 연결된 원형의 고리로 약지손가락을 끼워 넣는 곳

⑤ 엄지환(Thumb Grip) : 동인에 연결된 원형의 고리로 엄지손가락이 위치하는 곳

⑥ 소지걸이(Finger Brace) : 약지환에 이어져 있으며 새끼손가락을 걸기 위한 곳

(2) 가위의 종류

가위는 재질에 따라 착강 가위와 전강 가위로 구분되며, 사용 목적에 따라 일반 가위, 틴닝 가위, 스트록 가위, 곡선 가위, 미니 가위로 구분된다.

① 재질에 따른 분류

- 착강 가위 : 협신부에 사용되는 강철은 연강, 날은 특수강
- 전강 가위 : 전체가 특수강

② 사용 목적에 따른 분류

- 일반 가위 : 일반적으로 헤어커트에 사용되며 가위의 길이에 따라 4~7인치 정도로 구분된다.
- 틴닝 가위 : 틴닝 가위는 숱 가위라고도 불리며 모발의 길이를 자르지 않고 모량을 조절하는데 사용한다.
- 스트록 가위 : 스트록 커트 시 많이 사용되며 모발의 길이와 양을 동시에 표현한다.
- 미니 가위 : 4~5.5인치 까지의 범위에 속하는 가위로 정밀한 블런트 커트 시술시 사용한다.

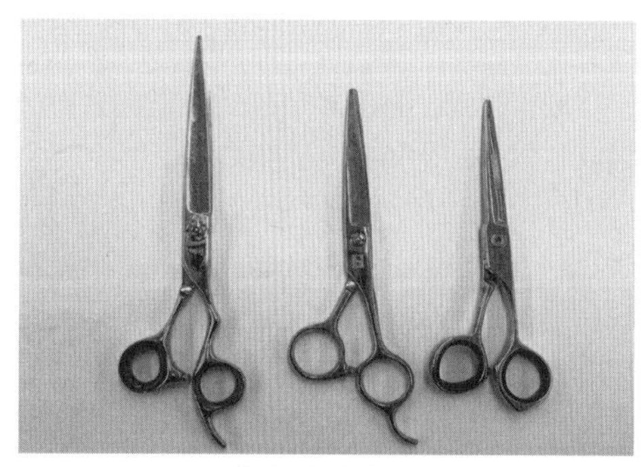

| 일반 가위의 종류 |

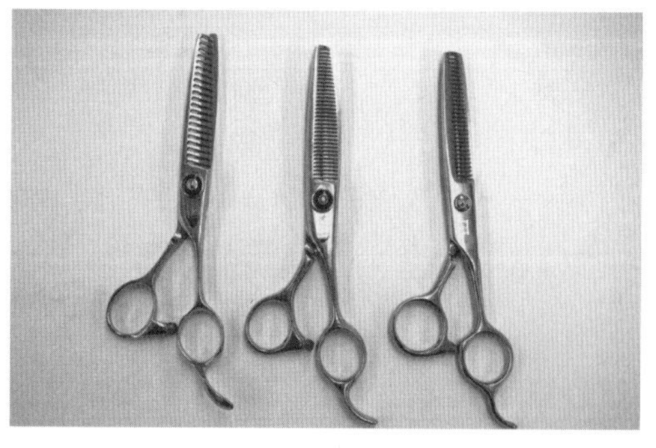

| 틴닝 가위 종류 |

(3) 가위 선택 시 주의점

① 협신(鋏身)으로 갈수록 날 끝이 약간 안쪽으로 자연스럽게 구부러진 것이 좋다.

② 양쪽 날의 견고함이 동일해야 좋은 날이라 할 수 있다.

③ 날이 얇고 허리가 강한 것이 좋은 날이라 할 수 있다.

④ 도금된 것은 강철의 질이 좋지 않으니 금하는 것이 좋다.

⑤ 시술자의 손에 편하고 조작하기 쉬워야 한다.

⑥ 잠금 나사가 뻑뻑하거나 느슨하지 않아야 한다.

(4) 가위 잡는 법

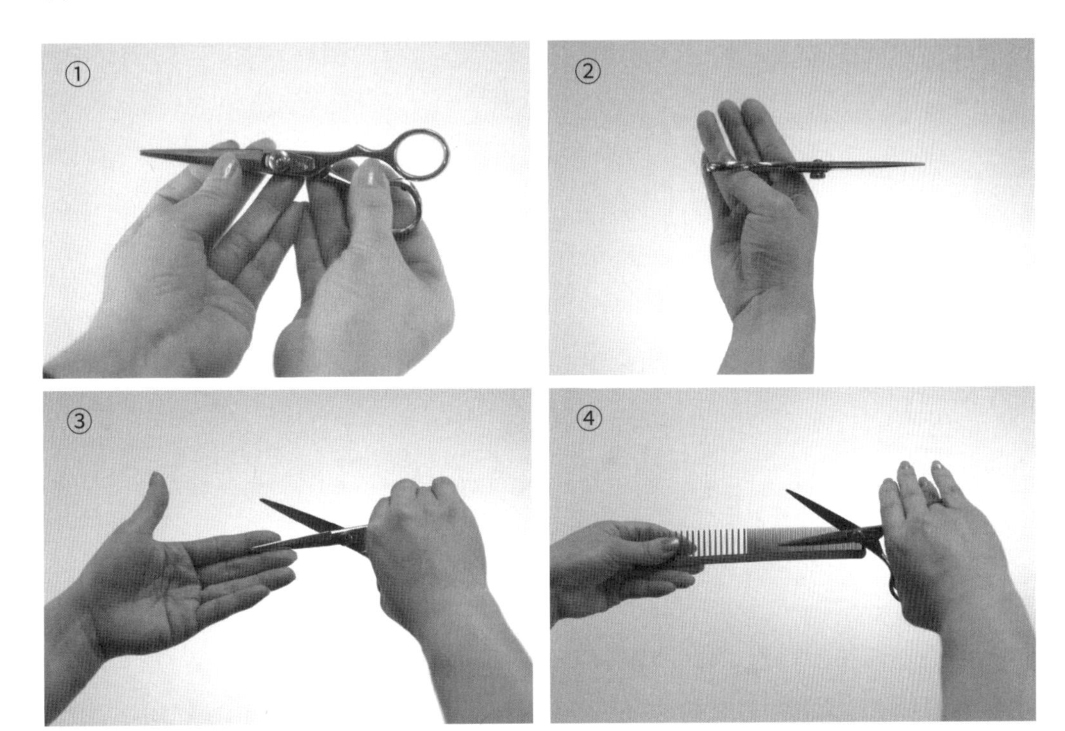

① 가위의 잠근 나사 부위가 위로 보이도록 하고 약지손가락의 중간 매듭과 검지손가락의 첫 번째 매듭 사이에 사선으로 가위를 놓는다.

② 가위가 사선이므로 손목이 밖을 향해 45°도 기울기로 비튼다.

③ 엄지손톱의 1/3을 넘지 않게 해야 가위를 개폐하기 쉬우며 엄지손가락을 사용해서 유동날을 움직여 커트한다.

④ 빗과 가위는 평행을 유지해서 커트한다.

2. 빗(Comb)

빗은 커트 시술 시 정확하게 모발을 분배하고 조절하거나 모발을 빗어 결을 매끄럽게 정리하는 데 사용되며 얼레살과 고운살로 이루어져 있다.

(1) 빗의 구조

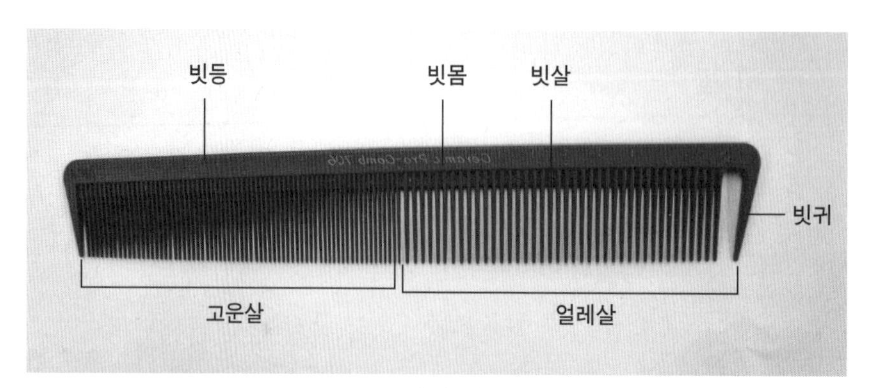

| 빗의 구조 |

① 빗등 : 빗 전체를 지탱해 주는 역할

② 빗살 : 두피의 수직으로 세워 가지런히 정리해 주는 역할

③ 빗살 끝(빗귀) : 두피에 닿아서 모발을 당겨 일으키는 역할

④ 빗몸 : 일직선으로 가지런해야 하며 끝이 둥근 것이 좋음

⑤ 고운살(빗질할 때) : 모발을 분배하거나 빗을 때 사용

⑥ 얼레살(섹션을 뜰 때) : 블로킹이나 파팅을 나눌 때 사용

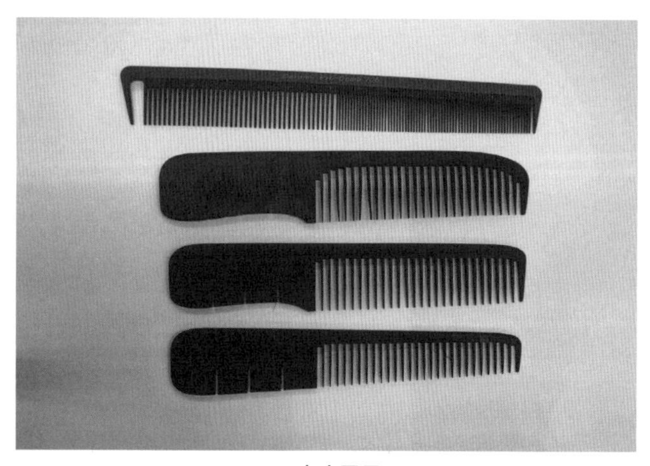

| 빗의 종류 |

(2) 빗과 자세

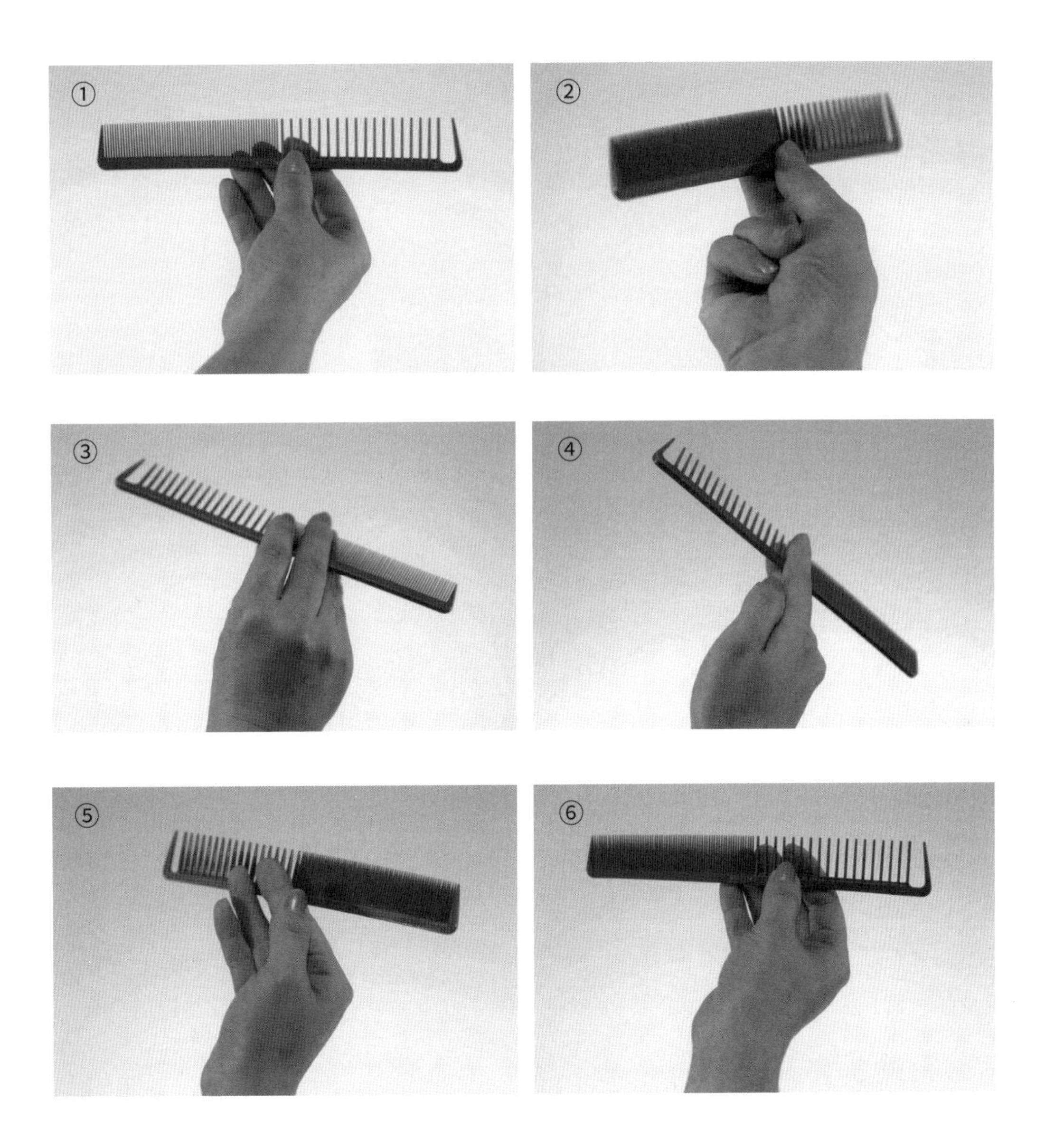

빗의 중심부에 엄지, 검지, 중지손가락를 사용하여 목적에 따라 한 방향으로 돌려가면서 사용한다.

3. 레이저(Razor)

레이저는 모발을 자르기도 하지만 사용 목적에 따라 질감 커트를 동시에 할 수 있다. 가위로 표현할 수 없는 미세한 부분을 질감 처리하며 모선의 가벼움, 매끄러움, 율동감을 주며 여성스러운 아름다움을 연출할 수 있다.

(1) 레이저의 구조

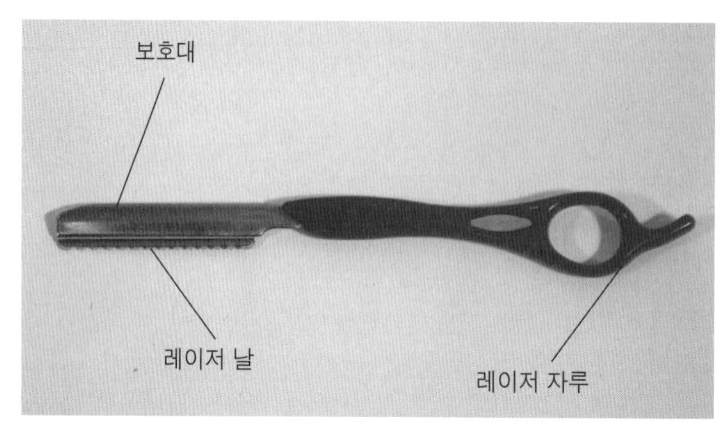

ǀ 레이저의 구조 ǀ

(2) 레이저의 종류

① 일반 레이저(Ordinary Razor)

- 시간상 능률적인 작업에 좋지만 너무 자를 수 있는 위험성이 커서 숙련자에게 적당
- 세밀한 작업에 용이하며 초보자에게 부적당

② 셰이핑 레이저(Shaping Razor)

- 일반날 또는 양면날의 유형
- 톱니식으로 되어 있어 안전성이 높으며 초보자에게 적합
- 모발이 조금씩 잘려 시술 시 시간이 오래 걸려 비능률적

(3) 특징

① 레이저를 사용하여 모발에 테이퍼링 할 경우 모발 끝에 생동감과 부드러움을 줄 수 있음

② 모발 끝이 가늘고 부드럽게 약간 확장된 형태 선 만듦

③ 전체 커트나 질감 처리 시 모두 사용 가능

기본 헤어커트를 위한 기술

헤어커트를 정확하고 일관성 있게 커트하기 위해서는 블로킹, 슬라이스, 섹션, 시술 각도, 베이스 등에 대한 이해가 필요하다.

1. 블로킹(Blocking)

두상의 모발을 가장 크게 나누는 것으로 4등분은 정중선과 측중선을 나누며 앞머리 영역을 구분하면 5등분이 된다.

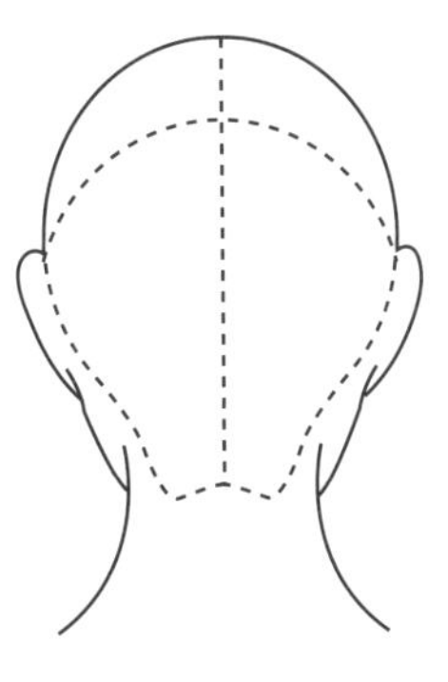

| 4등분 블로킹 |

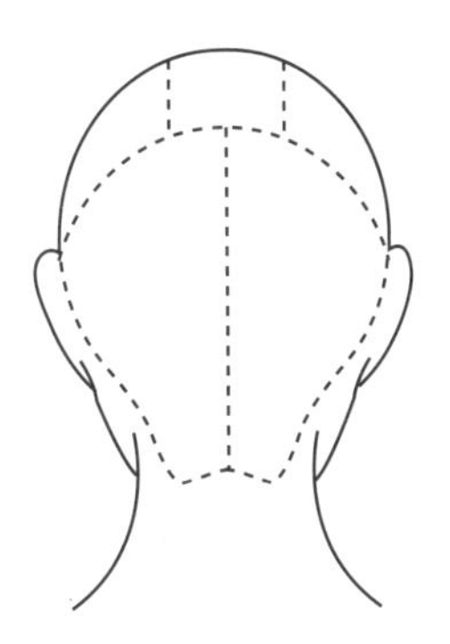

| 5등분 블로킹 |

2. 시술 각도(Angle)

헤어커트 시 두상으로부터 모발을 들어 올려 펼치거나 내려진 상태로 커트하는 각도

(1) 자연 시술각

- 중력에 의해 모발이 자연스럽게 떨어지는 각도(0°)
- 천체축 기준 각도

(2) 두상 각도

- 모발을 두상에서 들어 올려 펼쳐 빗었을 때 나타나는 각도로 베이스의 모발을 빗어 잡았을 때 두상의 둥근 접점을 기준으로 한 각도

커트 종류	시술 각도
원랭스	0° 또는 자연 시술각
그래듀에이션	로우 그래듀에이션 1~30°
	미디엄 그래듀에이션 31~60°
	하이 그래듀에이션 61~89°
유니폼 레이어	두상 곡면의 90°
인크리스 레이어	톱은 짧고 네이프로 갈수록 길어지는 스타일로 두상 시술 각도 90° 이상을 적용

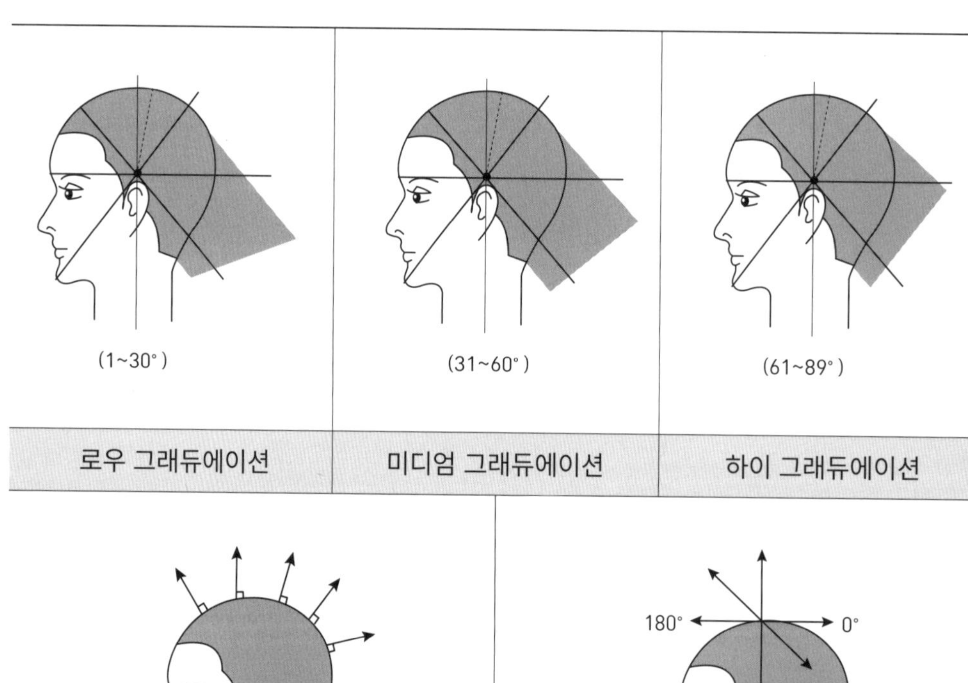

로우 그래듀에이션	미디엄 그래듀에이션	하이 그래듀에이션

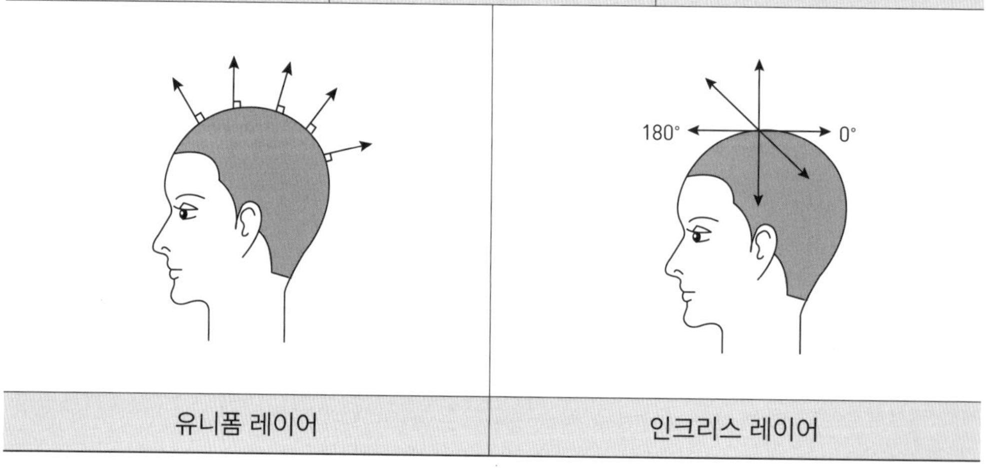

유니폼 레이어	인크리스 레이어

3. 섹션(Section)

커트 시술 시 두상에서 블로킹을 나눈 후 블로킹 내에서 다시 작은 구역을 나누는 것을 말한다.

종 류	특 징	
① 가로 섹션 (Horizon Section)	• 가로 또는 수평 • 원랭스 커트 시 사용	
② 세로 섹션 (Vertical Section)	• 세로 또는 수직 • 그래듀에이션, 레이어 커트 시 사용	
③ 사선 섹션 (Diagonal Forward Section) - 전대각	• 두상의 뒤쪽에서 얼굴 방향으로 사선 방향 • 스파니엘 커트 또는 A라인 스타일 커트 시 사용	
④ 사선 섹션 (Diagonal Backward Section) - 후대각	• 두상의 뒤에서 얼굴 방향으로 사선 방향 • 이사도라 커트 또는 U라인 스타일 커트 시 사용	
⑤ 방사선 섹션 (Pivot Section)	• 파이 섹션, 오렌지 섹션이라고도 불림 • 두상의 피벗에서 똑같은 크기의 섹션을 나누기 위해 사용 • 레이어 커트 시 사용	

4. 분배(Distribution)

분배란 파팅 선과 두상에 관련하여 모발을 빗질하는 방향이다. 분배에는 자연 분배, 직각 분배, 변이 분배, 방향 분배가 있다.

종 류	특 징	
① 자연 분배 (Natural Distribution)	• 파팅에 대해 모발이 중력 방향으로 자연스럽게 떨어지는 방향 • 원랭스 커트 시 사용	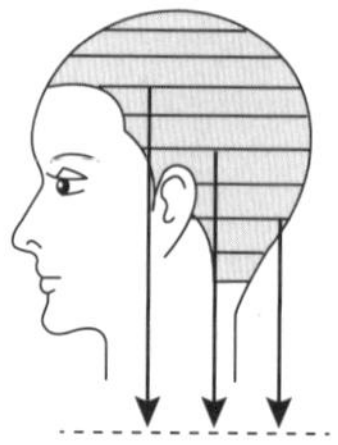
② 직각 분배 (Perpendicular Distribution)	• 파팅 선에서 모발이 직각으로 빗겨지며, 수직 분배라고도 한다 • 그래듀에이션, 레이어 커트 시 사용	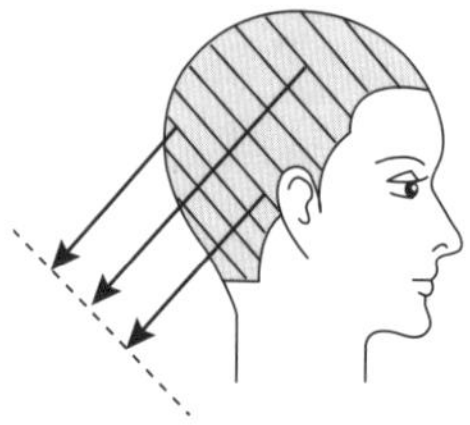
③ 변이 분배 (Shifted Distribution)	• 파팅에 대해 모발이 임의의 방향으로 빗겨지며, 자연 분배나 직각 분배가 아닌 다른 모든 방향으로 빗질 • 긴 머리와 짧은 머리 연결할 때 사용	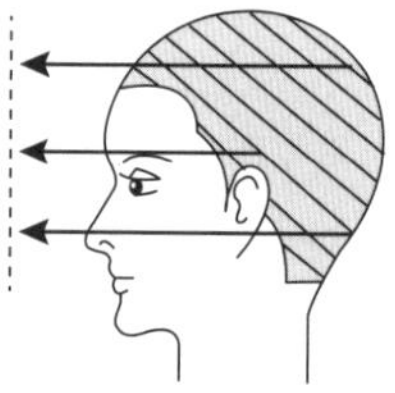
④ 방향 분배 (Directional Distribution)	• 일관성을 유지하기 위해 특정한 방향을 정해 두고 모발을 빗질 • 파팅과 상관없이 한 방향으로 빗질	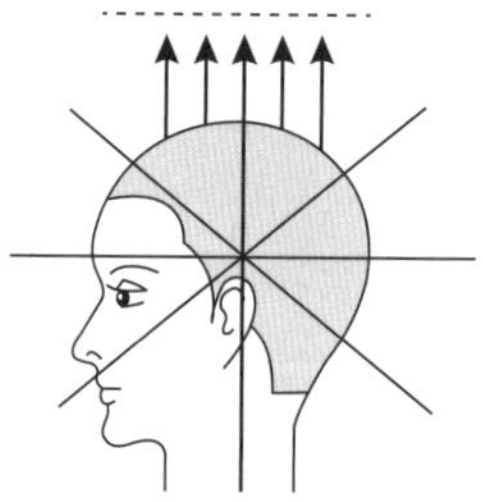

5. 베이스(Distribution)

종 류	특 징	
① 온 더 베이스 (On the Base)	• 커트 시 좌우 동일한 길이로 커트할 때 사용 • 베이스의 중심에서 슬라이스 라인에 직각(90°)으로 모아 커트한다.	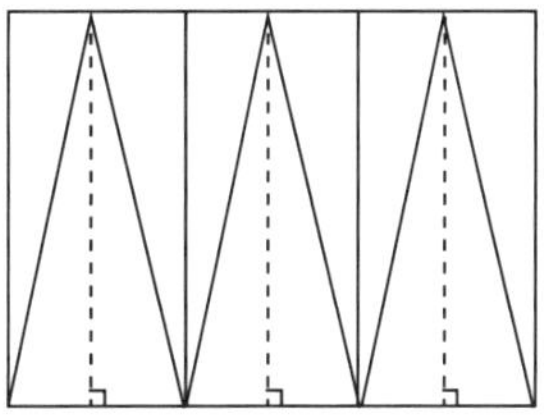
② 사이드 베이스 (Side Base)	• 커트 시 베이스의 중심이 오른쪽 변 또는 왼쪽 변으로 선정하고 그 기준을 중심으로 모발의 길이가 점점 길게 또는 짧게 된다. • 파팅의 한 변이 90°	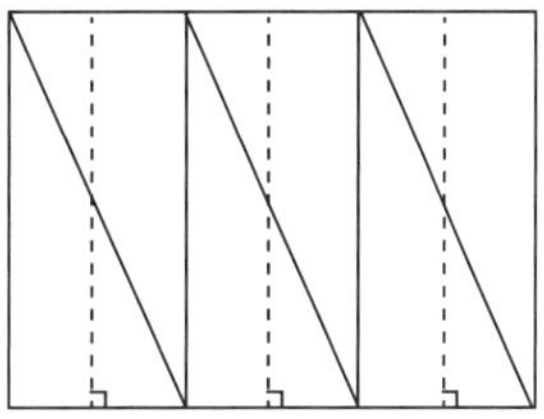
③ 오프 더 베이스 (Off the Base)	• 시술자의 의도에 따라서 사이드 베이스의 기준선을 넘어서 일정한 각도를 끄는 것 • 오른쪽 또는 왼쪽으로 얼마만큼 당기는지에 따라 사선의 경사도가 달라지므로 급격한 모발의 변화를 요구할 때 사용된다. • 파팅의 한 변이 90° 이상	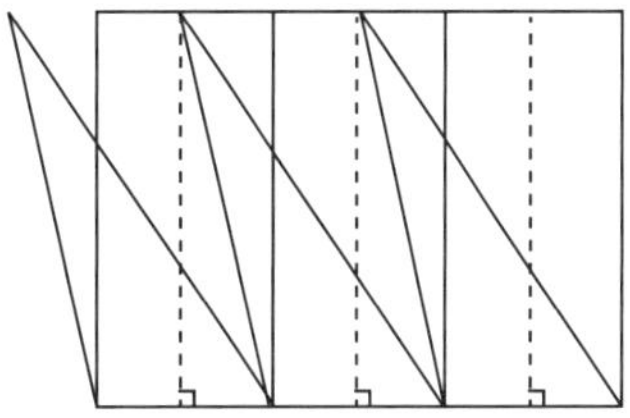

CHAPTER

테크닉(Technique)

커트의 절차에 따라 시술 과정을 결정한 후 커트할 도구와 그 도구에 따른 테크닉을 정하게 된다.

1. 커트 방법과 질감 처리 기법

1 블런트 커트(Blunt Cut)

모발 끝이 뭉툭하고 직선으로 커트하는 기법이다. 블런트 커트는 모발 손상이 적으며 길이는 제거되지만 부피는 그대로 유지되고 무게감이 모발 끝에 그대로 남아 있다.

2 나칭(Notching Cut)

머리끝으로부터 가위를 45° 정도로 비스듬하게 세워 모발 끝을 톱니 모양으로 지그재그로 커트하는 기법이다. 커트 후 모발의 불규칙한 디자인 선을 만들어 무게감이 제거된 가벼운 형태선을 만든다. 블런트 커트보다 탁탁한 느낌을 다소 감소시킬 수 있으며 웨이브 머리에 이상적이다. 포인트(Point) 테크닉이라고도 한다.

③ 슬라이드 커트(Slide Cut)

머리끝을 향해 가위를 미끄러지듯 커트하는 기법으로 자연스러움과 가벼움을 표현하기 위해 부드럽게 연결하는 동작을 말한다. 가위를 벌려 짧은 길이에서 긴 길이를 연결할 때 사용된다.

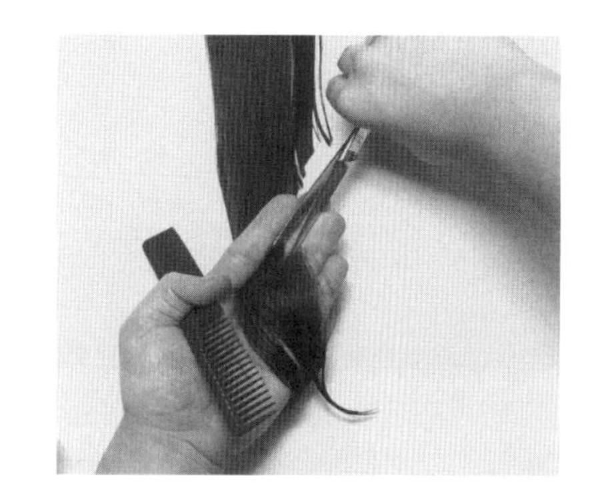

④ 싱글링(Shingling)

모발이 짧아서 손으로 잡기 힘들 때 주로 사용하는 방법으로 네이프에서 시작하여 빗을 모발에 대고 위로 이동하면서 가위를 개폐한다.

⑤ 포인팅 커트(Pointing Cut)

모발 끝에서 스트랜드를 잡고 손가락 쪽으로 가위를 세로로 나칭보다 더 깊게 넣어 커트하는 기법이다. 질감은 가위가 들어가는 깊이와 횟수에 따라 달라진다. 드라이가 끝난 다음 마무리 기법에서 주로 사용한다.

⑥ 콤 컨트롤(Comb Control)

헤어커트 시 모발에 손을 대지 않고 빗만 이용하여 커트 하는 기법으로 모발 길이를 커트할 때 텐션을 최소화하기 위해 빗을 사용한다.

7 프리 핸즈 커트(Free Hands Cut) - 감각 커팅

손가락이나 다른 어떤 도구를 사용하지 않고 자유롭게 행하는 커트 방법이다. 텐션을 가하지 않는 상태에서 시술되며 모류의 방향성을 최대한 살려 느낌만으로 시술한다.

8 레이저 아킹 (Razor Arching)

모발의 안쪽에 레이저 날을 갖다 대고 반원형을 그리듯 커트하는 기법이다. 커트 후 안마름 효과가 있다.

9 레이저 에칭(Razor Etching)

모발의 길이와 무게감을 줄이면서 모발을 커트하기 위해 모발의 표면을 커트하는 방법으로 날의 위치는 모발의 위에 위치한다. 스트로크의 길이가 모발 끝의 페이퍼 하는 양을 결정하며 커트 후 겉마름 효과가 있다.

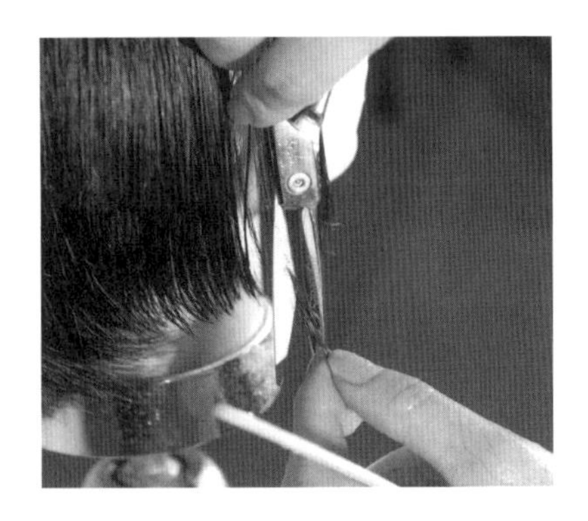

10 슬라이싱(Slicing)

모발 표면에 따라 가위를 개폐하고 미끄러지듯 커트하는 방법으로 가위의 벌린 정도에 따라 질감을 표현하고 정리할 때 사용된다. 불규칙한 움직임이나 가벼운 이미지를 나타내고 싶을 경우 사용된다.

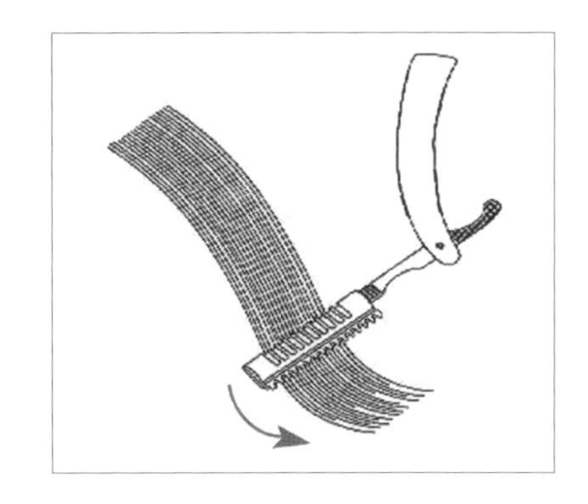

11 겉마름 기법(Bevel Up)

스트랜드 바깥쪽 부분을 레이저를 이용하여 질감을 주는 방법으로서 에칭 기법을 한층 더 효과 있게 표현하고자 할 때 사용된다. 시술각이나 압력은 원하는 겉마름의 양에 의해 결정되며 조절 가능하다. (겉마름의 효과)

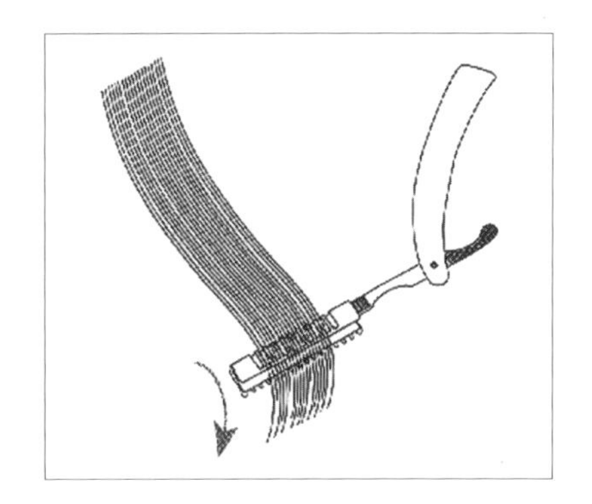

12 안마름 기법(Bevel Under)

스트랜드 안쪽 부분을 레이저를 이용하여 질감을 주는 방법으로서 아킹을 한층 더 효과 있게 표현하고자 할 때 사용된다. 테이퍼 되는 숱의 양을 볼 수 있기 때문에 원하는 만큼의 질감 처리를 할 수 있으며 모발의 끝이 안쪽로 잘 말려 들어가게 하는 기법으로 사용된다. (안마름의 효과)

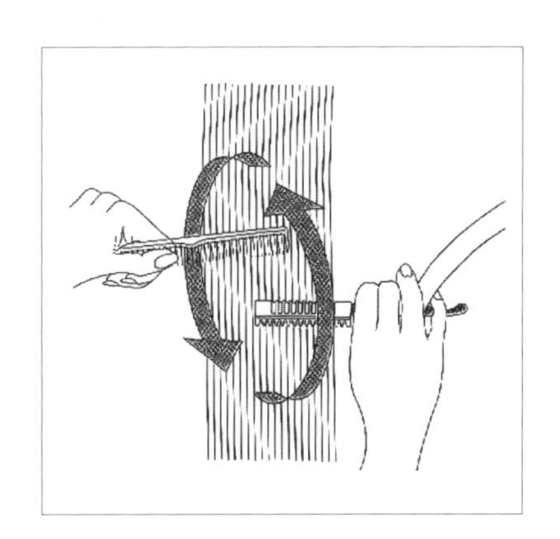

13 레이저 회전 기법(Razer Rotation)

무게감를 줄이고 레어저와 빗을 이용하여 부분을 연결하거나 두상의 윤곽에 따라 모발을 밀착시킬 때 사용 된다. (레이저와 빗을 사용하여 두상에 밀착시켜 회전한다.)

이론편 REVIEW

1. 헤어커트의 목적?

2. 헤어디자인의 3요소?

3. 레이저의 종류에 관해 서술하시오.

4. 섹션의 4가지 종류에 관해 서술하시오.

5. 분배의 4가지의 방법에 관해 서술하시오

6. 베이스의 3가지 방법에 관해 서술하시오.

BASIC HAIR CUT

2. 실기편

CHAPTER

원랭스 커트(One Length Cut)의 개요

원랭스란 '동일한 선상에서 모발를 자른다'라는 뜻으로 모든 섹션을 자연 시술각 또는 0°로 자연스럽게 빗어 내린 후 일직선의 동일 선상에서 같은 길이가 되도록 커트하는 방법이다.

구조(Structure)	모발의 길이가 네이프에서 톱 쪽으로 길이가 증가 (엑스테리어 → 인테리어로 모발의 길이가 증가) 가장자리에 무게감 형성
모양(Shape)	종형
질감(Texture)	100% 언액티베이트
가이드라인(Guide Line)	고정 디자인 라인
머리 위치(Head Position)	똑바로
파팅(Parting)	디자인 라인과 평행
분배(Distribution)	자연 분배
시술각(Angle)	자연 시술각, 0°
손가락 위치 (Finger Position)	디자인 라인과 평행

■ 원랭스 커트의 종류

	패럴렐 보브 (Parallel Bob)	이사도라 (Isadora)	스파니엘 (Spaniel)
특징	• 앞머리와 뒷머리 모발 길이가 바닥면과 평행 • 평행 라인	• 커트선이 앞머리보다 뒤쪽의 머리가 길다. • 후대각 라인	• 커트선이 뒤쪽보다 앞쪽의 모발 길이가 길다. • 전대각 라인
도해도	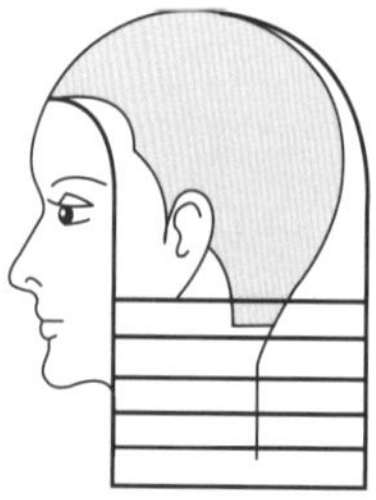	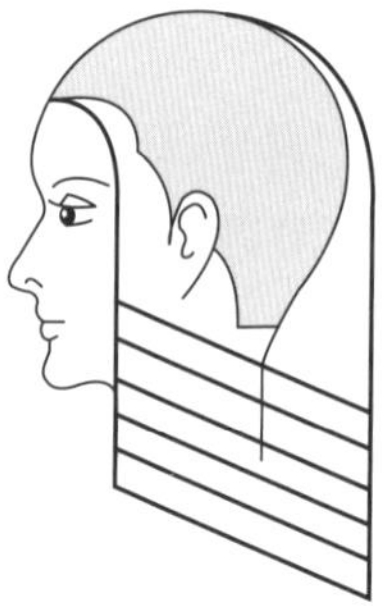	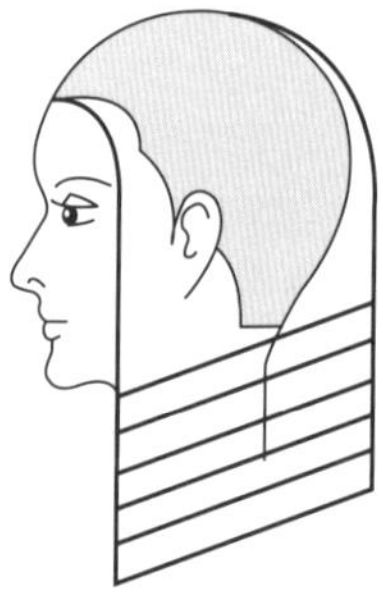
구조	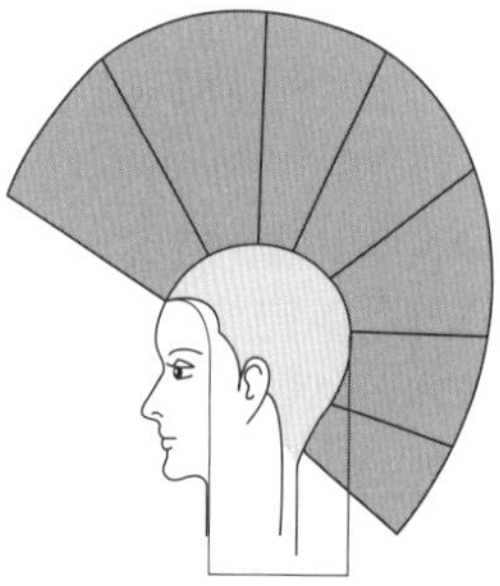	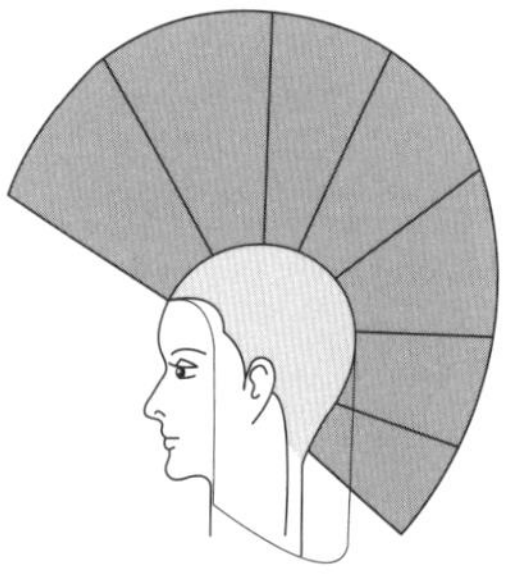	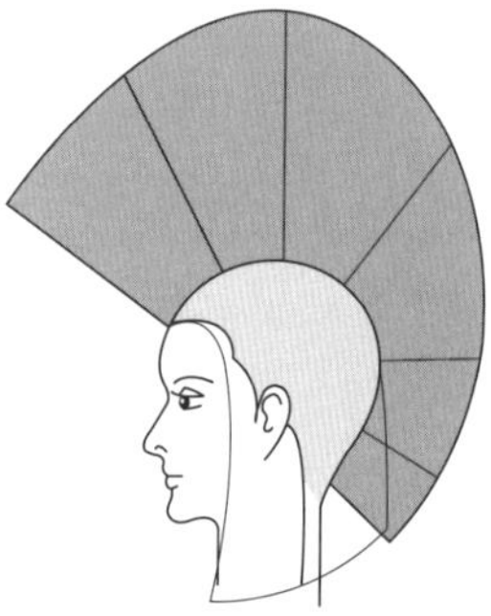
완성			

1. 원랭스(One Length)- 수평 라인 (패럴렐 보브)

학습 내용	원랭스 수평 라인 (패럴렐 보브)
수업 목표	• 원랭스 특징을 분석할 수 있다. • 원랭스 수평 라인의 파팅을 알 수 있다. • 원랭스 헤어커트를 위해 슬라이스를 할 수 있다. • 원랭스 헤어커트를 위해 시술 각도를 조절할 수 있다. • 텐션을 최소화할 수 있는 커트 방법을 설명할 수 있다.

구조 그래픽	파팅

섹셔닝	C.P ~ N.P	E.P ~ to~ E.P
머리 위치	똑바로	똑바로
파팅	수평	수평
분배	자연	자연
시술각	자연	자연
손가락 위치	평행	평행
가이드라인	고정	고정
기법	블런트/나칭	블런트/나칭

원랭스 수평 라인

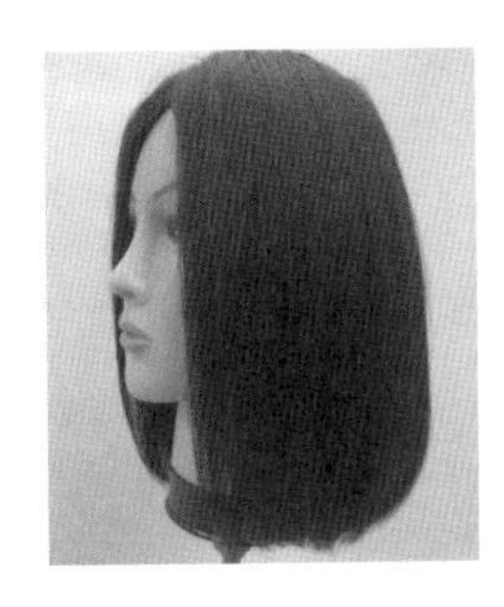

[시술 과정] - 시술 과정 사진을 붙이세요.

①

②

③

④

⑤

⑥

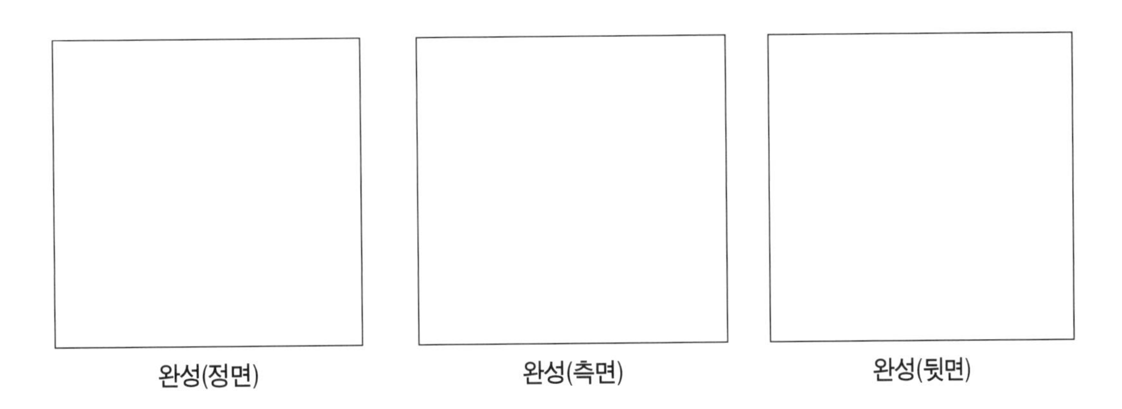

[파팅 그리기]

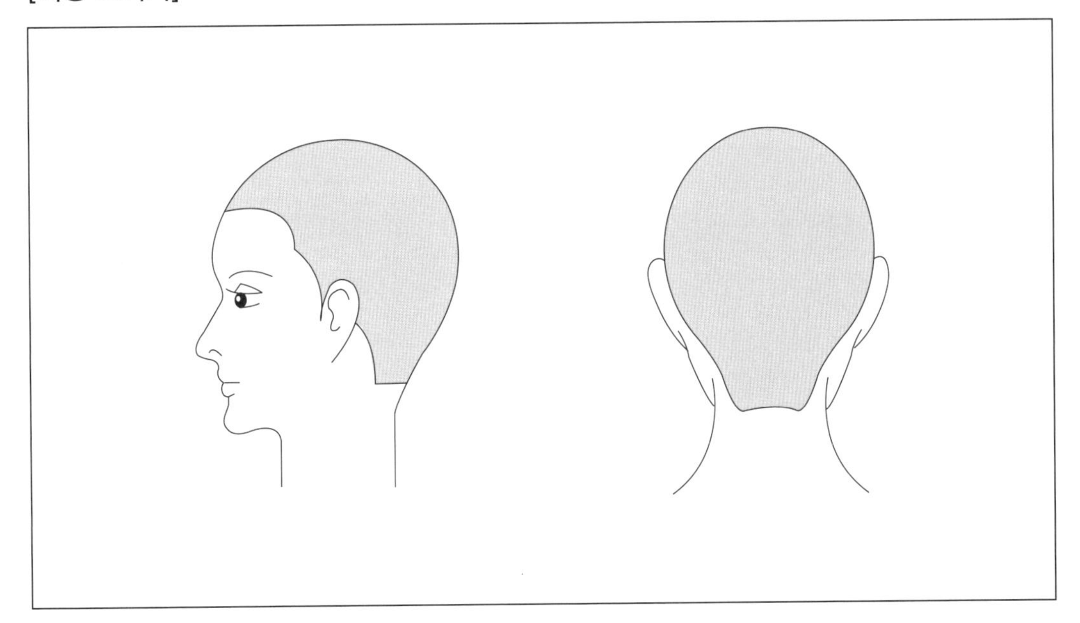

2.원랭스(One Length)- 컨케이브 라인 (스파니엘)

학습 내용	원랭스 컨케이브 라인 (스파니엘)
수업 목표	• 원랭스 특징을 분석할 수 있다. • 원랭스 전대각 파팅을 알 수 있다. • 원랭스 헤어커트를 위해 슬라이스를 할 수 있다. • 원랭스 헤어커트를 위해 시술 각도를 조절할 수 있다.

구조 그래픽	파팅

섹셔닝	C.P ~ N.P	E.P ~ to~ E.P
머리 위치	똑바로	똑바로
파팅	전대각	전대각
분배	자연	자연
시술각	자연	자연
손가락 위치	평행	평행
가이드라인	고정	고정
기법	블런트/나칭	블런트/나칭

원랭스 컨케이브 라인

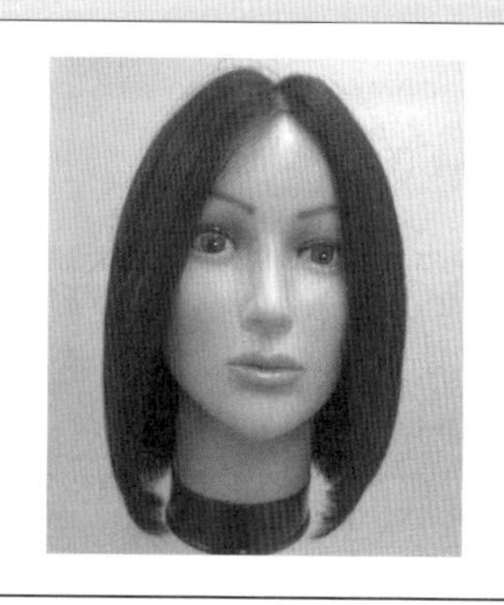

[시술 과정] - 시술 과정 사진을 붙이세요.

①

②

③

④

⑤

⑥

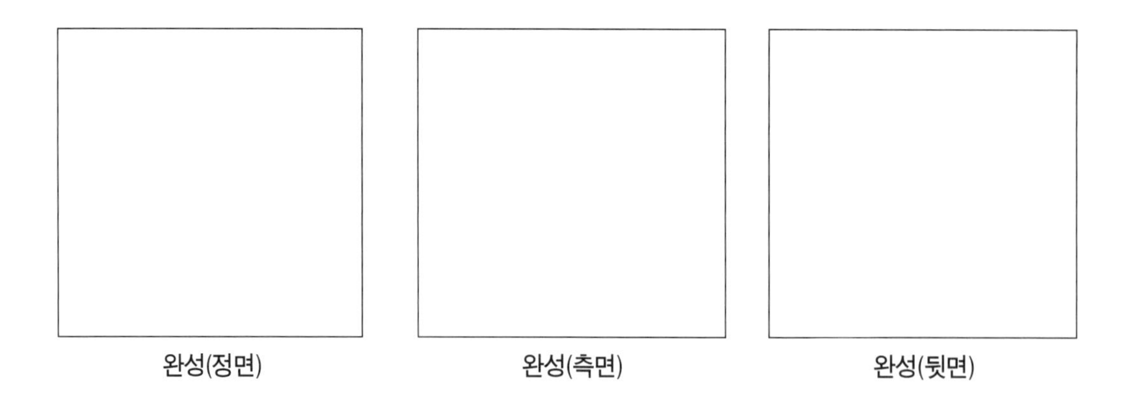

완성(정면) 완성(측면) 완성(뒷면)

[파팅 그리기]

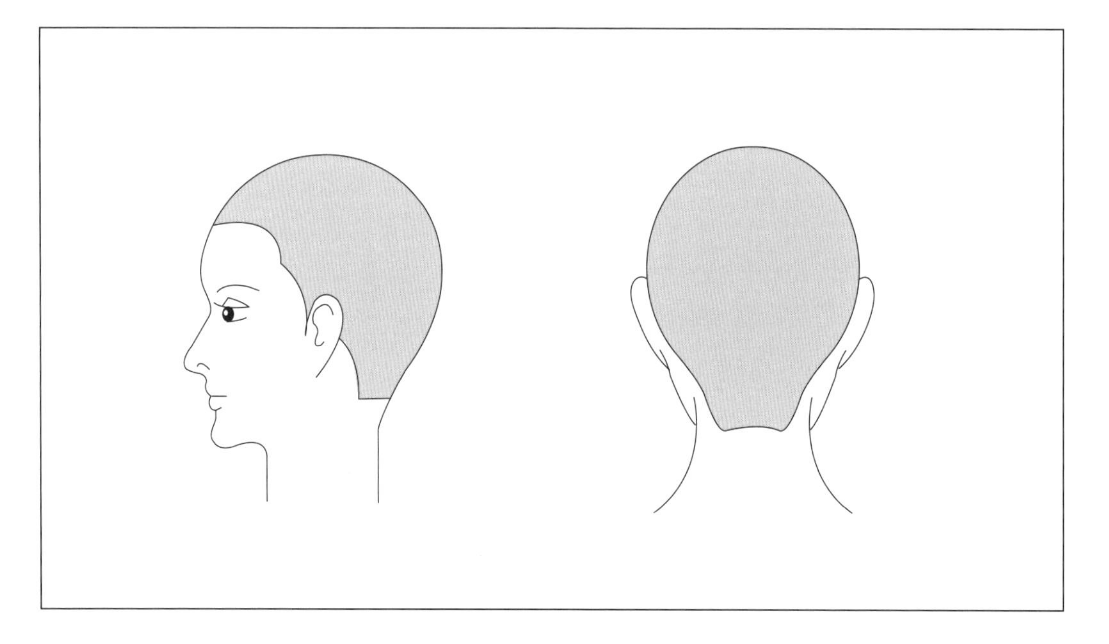

3.원랭스(One Length)- 컨백스 라인(이사도라)

학습 내용	원랭스 컨벡스 라인 (이사도라)
수업 목표	• 원랭스 특징을 분석할 수 있다. • 원랭스 후대각 파팅을 알 수 있다. • 원랭스 헤어커트를 위해 슬라이스를 할 수 있다. • 원랭스 헤어커트를 위해 시술 각도를 조절할 수 있다.

구조 그래픽	파팅

섹셔닝	C.P ~ N.P	E.P ~ to~ E.P
머리 위치	똑바로	똑바로
파팅	후대각	후대각
분배	자연	자연
시술각	자연	자연
손가락 위치	평행	평행
가이드라인	고정	고정
기법	블런트	블런트

원랭스 컨벡스 라인

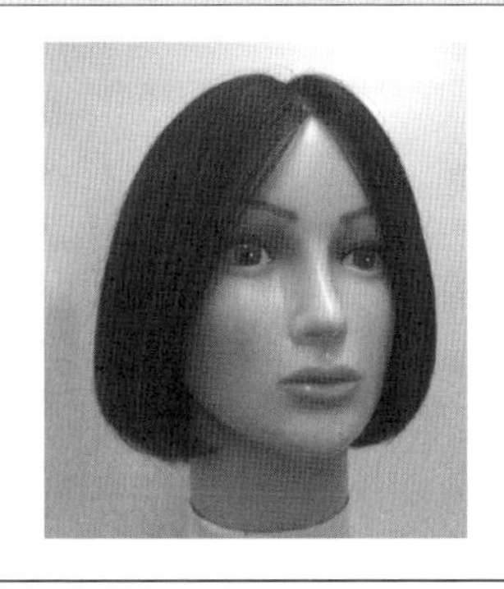

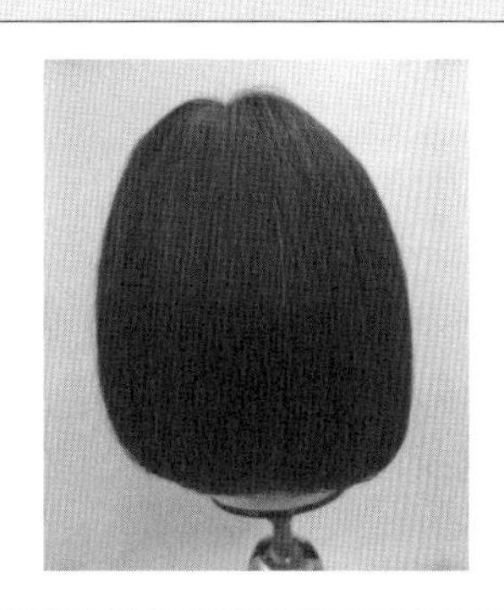

[시술 과정] - 시술 과정 사진을 붙이세요.

①

②

③

④

⑤

⑥

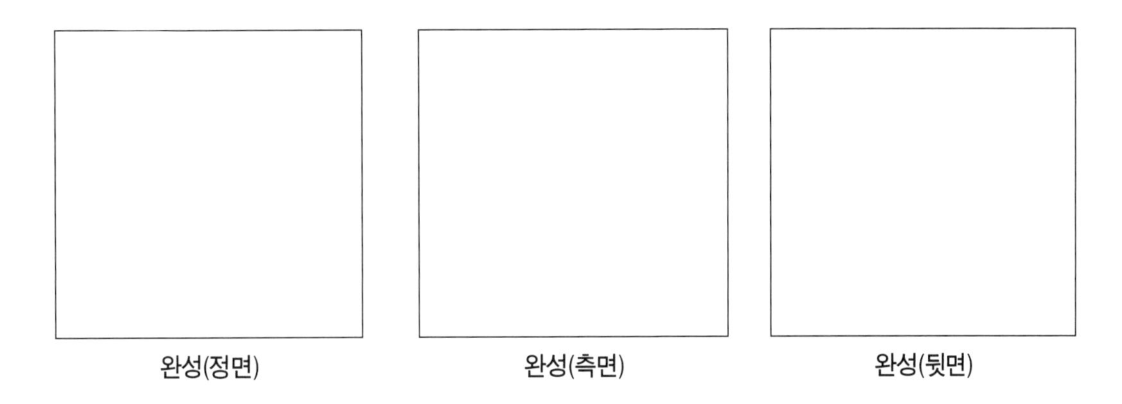

[파팅 그리기]

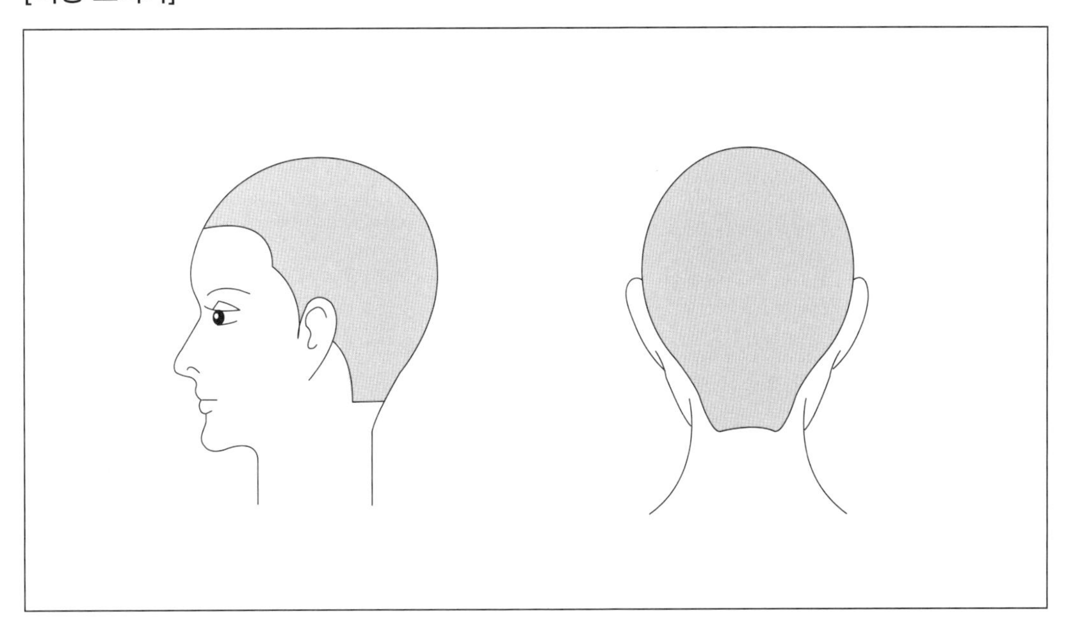

■ 원랭스의 헤어스타일을 붙이세요.

특징

원랭스 커트(One Length Cut) REVIEW

1. 원랭스 커트의 구조(Structure)를 그려 보세요.

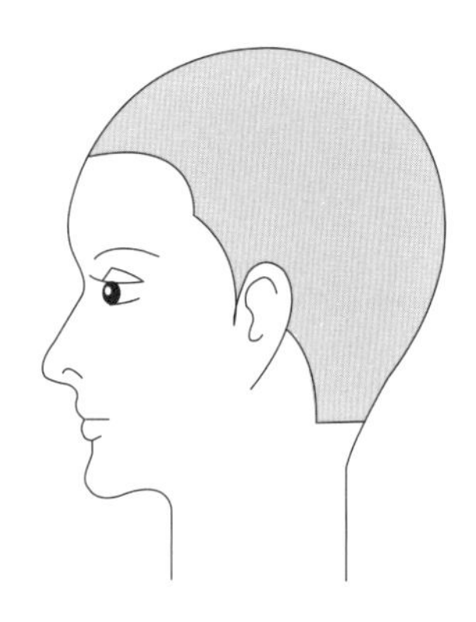

2. 원랭스 커트를 시술하기 위한 각도(Angle)는?

3. 원랭스 커트의 가이드라인(Guide Line)은?

4. 원랭스 커트의 질감(Texture)은?

5. 원랭스 커트의 모양(Shape)은?

CHAPTER

그래듀에이션 커트(Graduation Cut)의 개요

톱 머리보다 네이프 머리가 짧은 모양이 되도록 모발의 길이에 미세한 층을 주는 커트이다. 헤어커트 각도에 따라 길이가 조절되면서 형태가 만들어지는 스타일로 모발을 두피로부터 15~45° 들어서 머리카락을 자를 경우 입체적인 헤어스타일 연출에 매우 효과적이다.

구조(Structure)	(엑스테리어→ 인테리어로 모발의 길이 증가)
모양(Shape)	삼각형
질감(Texture)	혼합형(무게선, 무게 지역, 능선이 생김)
가이드라인(Guide Line)	크레스트를 중심으로 엑스테리어는 이동 인테리어는 고정
머리 위치(Head Position)	똑바로/앞숙임
파팅(Parting)	수평, 전대각, 후대각 이용
분배(Distribution)	자연 분배, 직각 분배, 변이 분배
시술각(Angle)	표준 시술 각: 45° 시술각 변화에 따라 무게의 위치가 달라짐 (1~89°)
손가락 위치 (Finger Position)	디자인 라인과 평행

■ 그래듀에이션 커트의 종류

	로우 그래듀에이션 (Low Graduation)	미디엄 그래듀에이션 (Medium Graduation)	하이 그래듀에이션 (High Graduation)
특징	• 시술 각도 1~30° • 무게선에 의한 볼륨이 낮은 위치에 생성	• 시술 각도 31~60° • 무게선에 의한 볼륨이 중간이거나 중간보다 약간 낮은 위치에 생성	• 시술 각도 61~89° • 무게선의 볼륨이 높은 위치에 생성
도해도	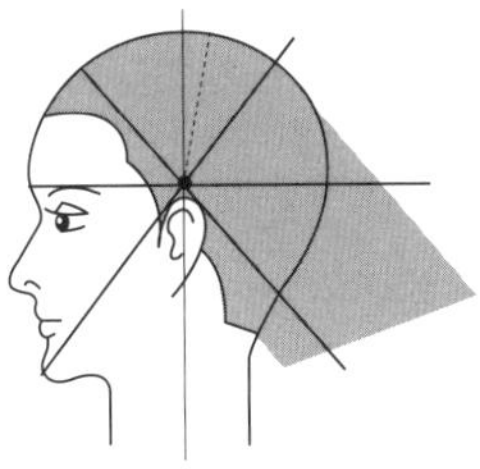	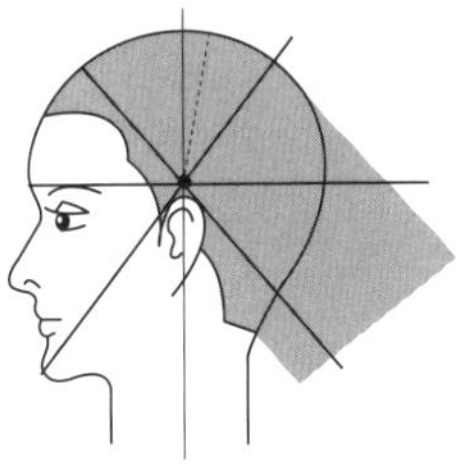	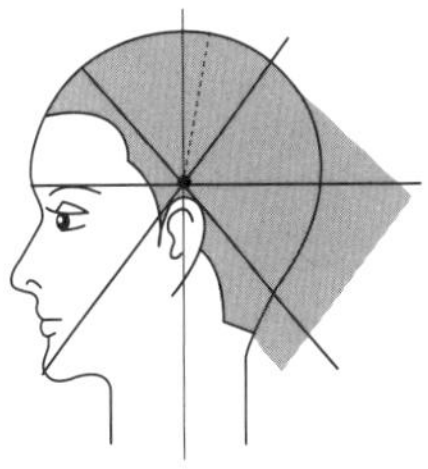
구조	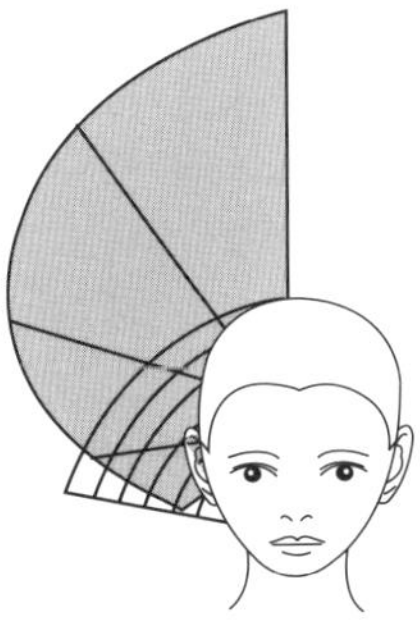	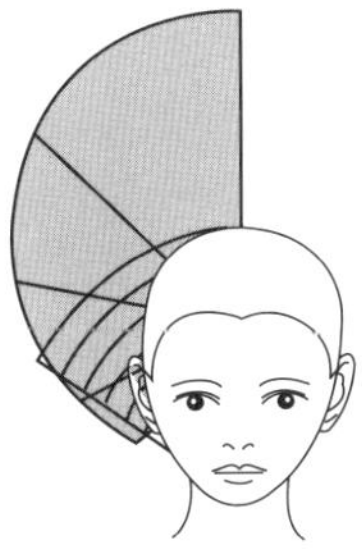	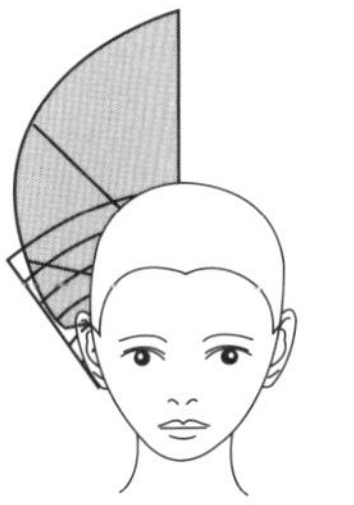
완성		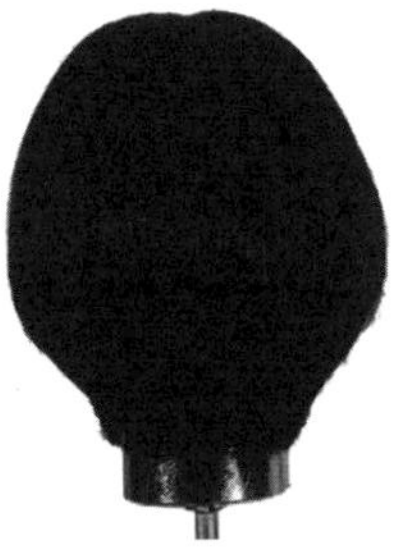	

1. 로우 그래듀에이션 (Low Graduation) – 컨케이브 라인

학습 내용	그래듀에이션 컨케이브 라인 (로우 그래듀에이션)
수업 목표	• 그래듀에이션 특징을 분석할 수 있다. • 그래듀에이션 전대각 파팅을 알 수 있다. • 그래듀에이션 헤어커트를 위해 슬라이스를 할 수 있다. • 로우 그래듀에이션 헤어커트를 위해 시술 각도(낮은각도)를 할 수 있다.

구조 그래픽	파팅

섹셔닝	C.P ~ N.P	E.P ~ to~ E.P
머리 위치	앞 숙임	앞 숙임
파팅	전대각	전대각
분배	직각	직각
시술각	낮은	-
손가락 위치	평행	평행
가이드라인	이동/ 고정	고정
기법	블런트/에칭	블런트/에칭

로우 그래쥬에이라인	
	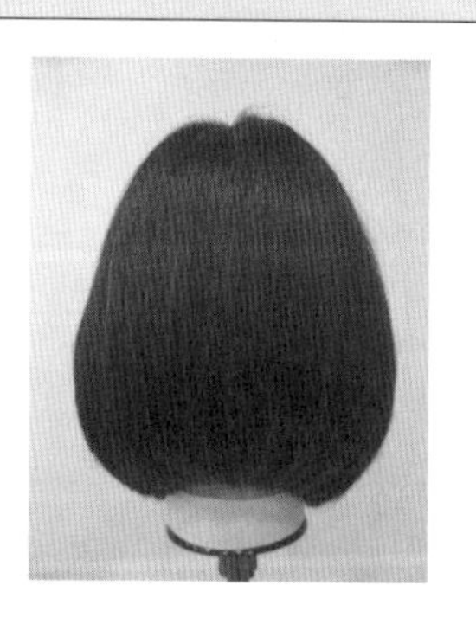

[시술 과정] - 시술 과정 사진을 붙이세요.

①

②

③

④

⑤

⑥

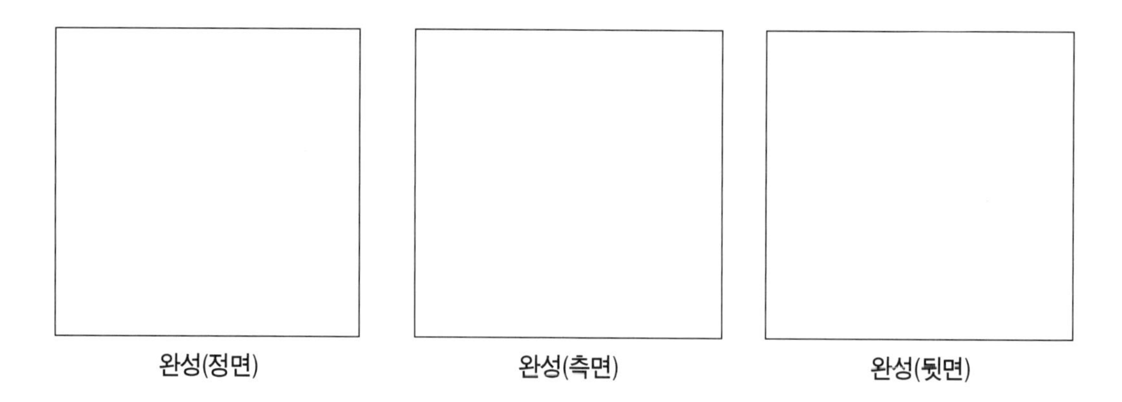
완성(정면) 완성(측면) 완성(뒷면)

[파팅 그리기]

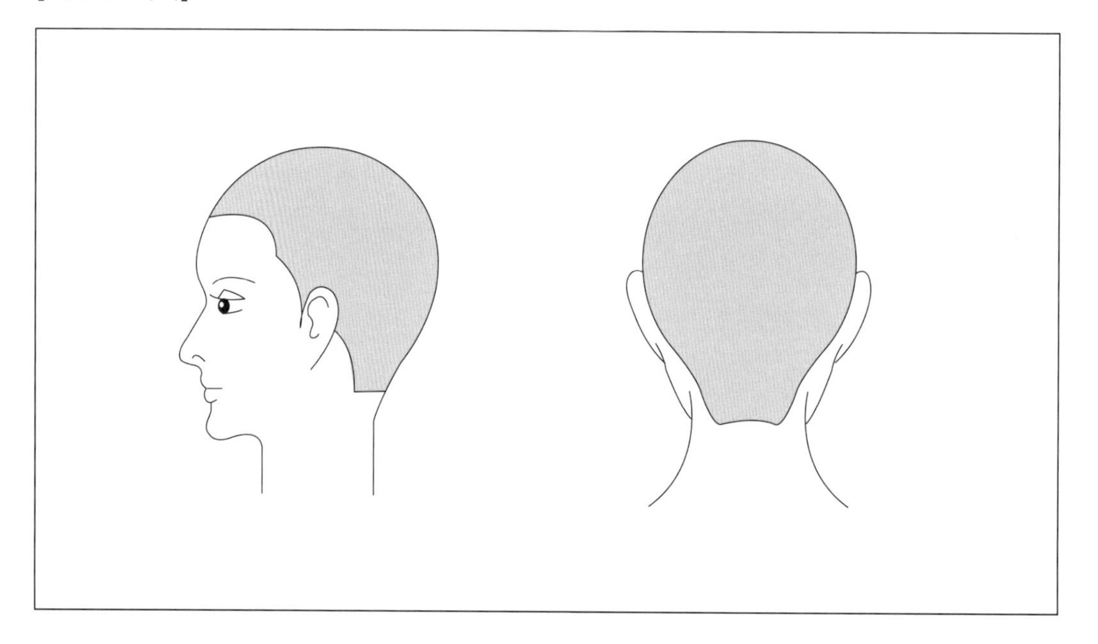

2. 미디엄 그래듀에이션 (Medium Graduation) – 컨케이브 라인

학습 내용	그래듀에이션 컨케이브 라인 (미디엄 그래듀에이션)
수업 목표	• 그래듀에이션 특징을 분석할 수 있다. • 그래듀에이션 전대각 파팅을 알 수 있다. • 그래듀에이션 헤어커트를 위해 슬라이스를 할 수 있다. • 미디엄 그래듀에이션 헤어커트를 위해 시술 각도(중간 각도)를 할 수 있다.

구조 그래픽	파팅

섹셔닝	C.P ~ N.P	E.P ~ to~ E.P
머리 위치	앞 숙임	앞 숙임
파팅	전대각	전대각
분배	직각	직각
시술각	중간	-
손가락 위치	평행	평행
가이드라인	이동/고정	고정
기법	블런트	블런트

미디움 그래듀에이션 켄케이브 라인

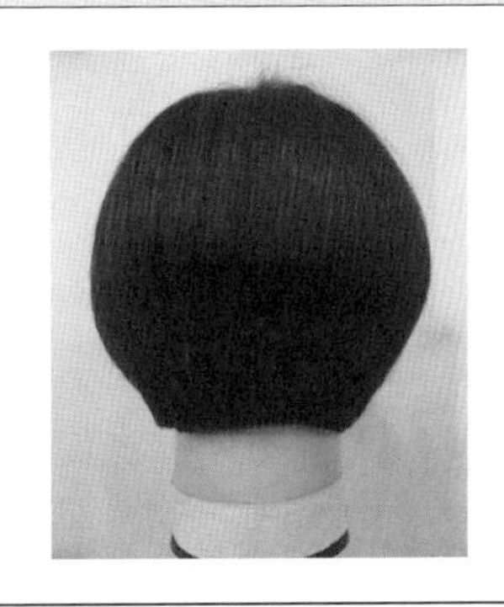

[시술 과정] - 시술 과정 사진을 붙이세요.

①

②

③

④

⑤

⑥

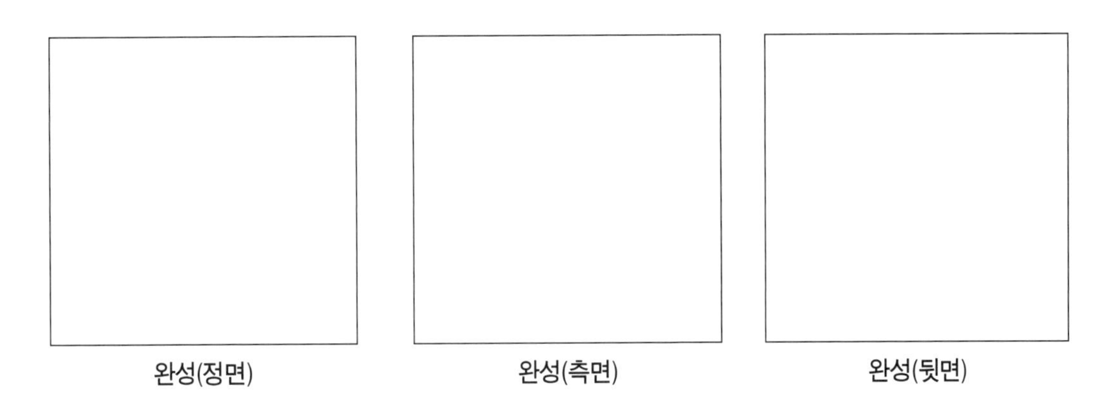

완성(정면) 완성(측면) 완성(뒷면)

[파팅 그리기]

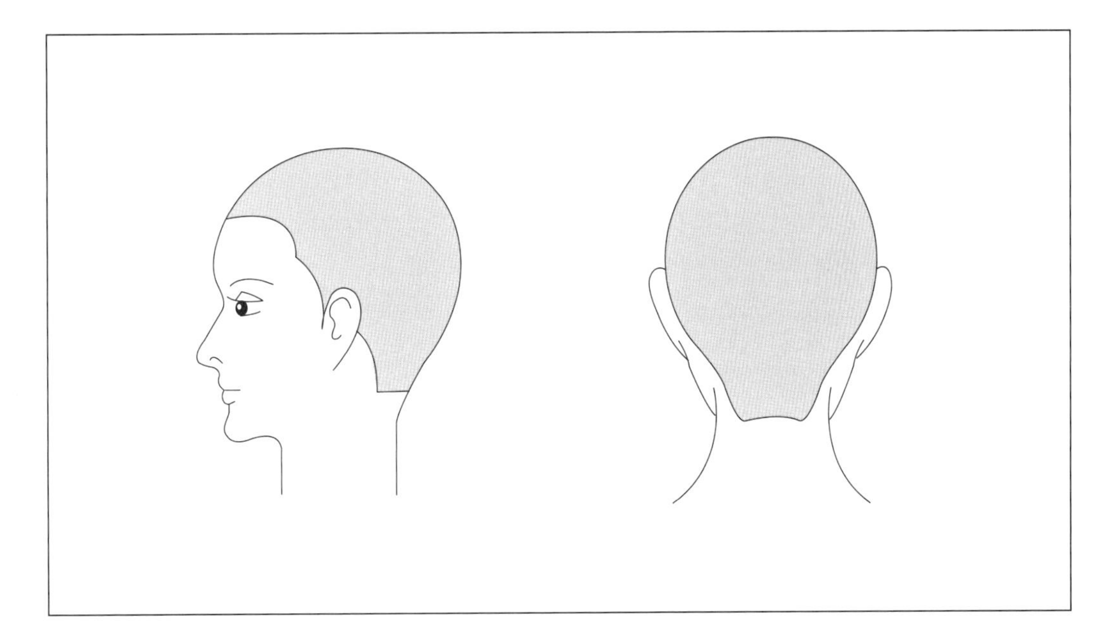

3. 하이 그래듀에이션 (High Graduation) – 컨케이브 라인

학습 내용	그래듀에이션 컨케이브 라인 (하이 그래듀에이션)
수업 목표	• 그래듀에이션 특징을 분석할 수 있다. • 그래듀에이션 전대각 파팅을 알 수 있다. • 그래듀에이션 헤어커트를 위해 슬라이스를 할 수 있다. • 하이 그래듀에이션 헤어커트를 위해 시술 각도(높은 각도)를 할 수 있다.

구조 그래픽	파팅

섹셔닝	C.P ~ N.P	E.P ~ to~ E.P
머리 위치	앞 숙임	앞 숙임
파팅	전대각	전대각
분배	직각	직각
시술각	높은	-
손가락 위치	평행	평행
가이드라인	이동/고정	고정
기법	블런트	블런트

하이 그래듀에이션 켄케이브 라인

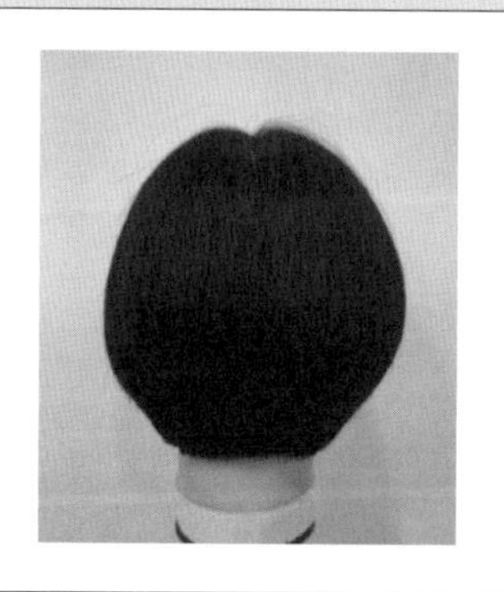

[시술 과정] - 시술 과정 사진을 붙이세요.

①

②

③

④

⑤

⑥

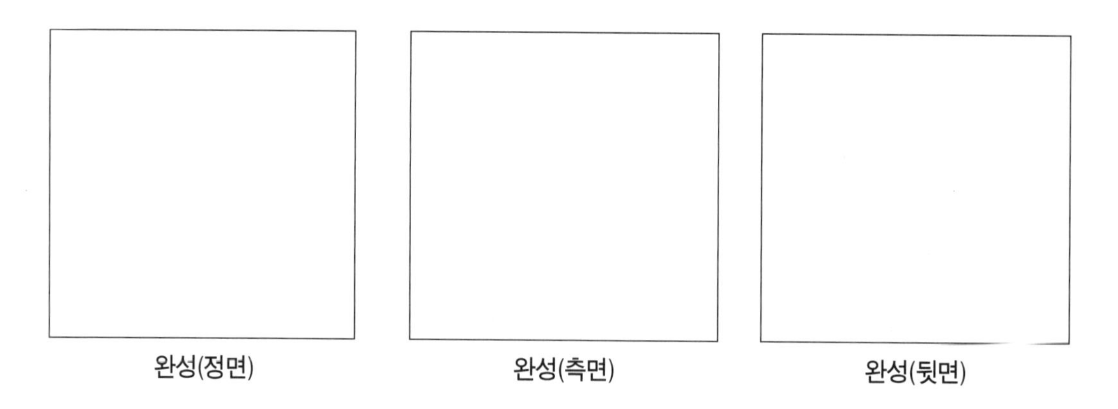

완성(정면) 완성(측면) 완성(뒷면)

[파팅 그리기]

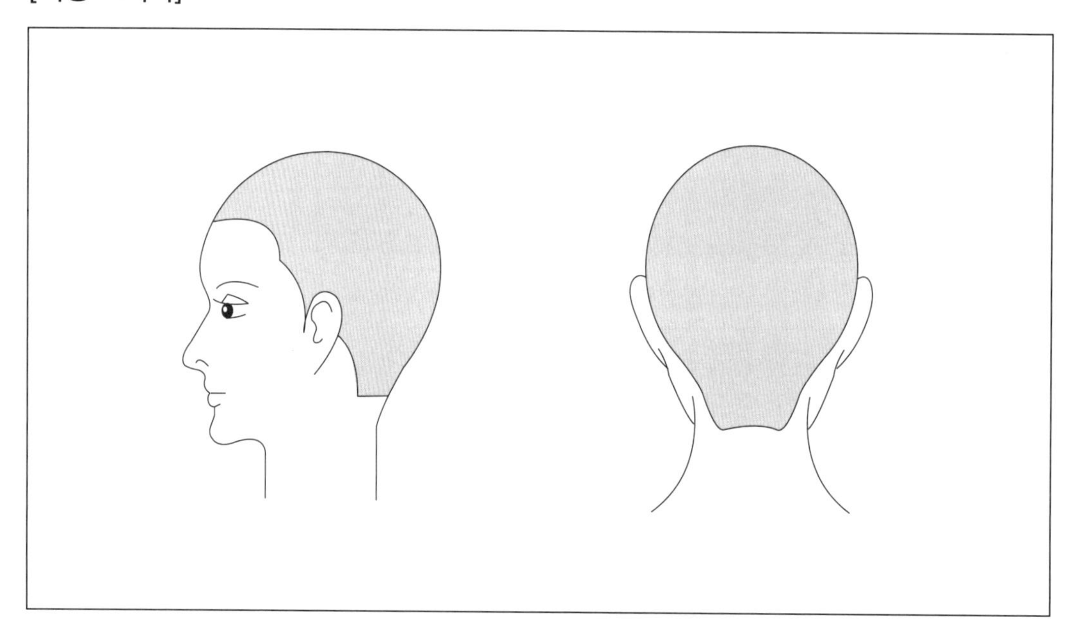

4. 로우 그래듀에이션 (Low Graduation)- 컨벡스 라인

학습 내용	그래듀에이션 컨벡스 라인 (로우 그래듀에이션)
수업 목표	• 그래듀에이션 특징을 분석할 수 있다. • 그래듀에이션 후대각 파팅을 알 수 있다. • 그래듀에이션 헤어커트를 위해 슬라이스를 할 수 있다. • 로우 그래듀에이션 헤어커트를 위해 시술 각도(낮은 각도)를 할 수 있다.

구조 그래픽	파팅

섹셔닝	C.P ~ N.P	E.P ~ to~ E.P
머리 위치	똑바로/앞 숙임	똑바로/앞 숙임
파팅	후대각	후대각
분배	직각	직각
시술각	낮은	-
손가락 위치	평행	평행
가이드라인	이동/고정	고정
기법	블런트	블런트

로우 그래듀에이션 컨벡스 라인

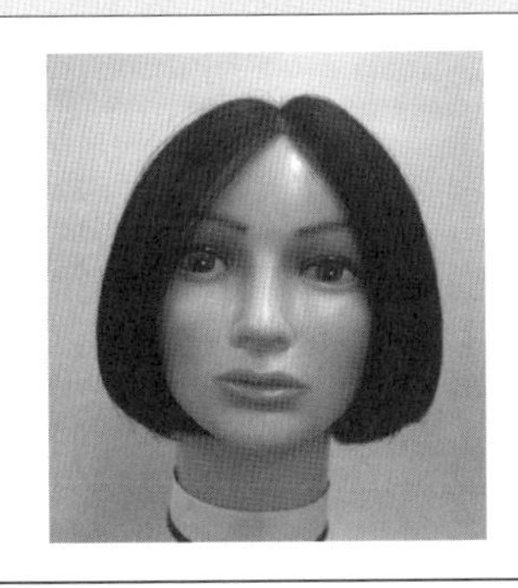

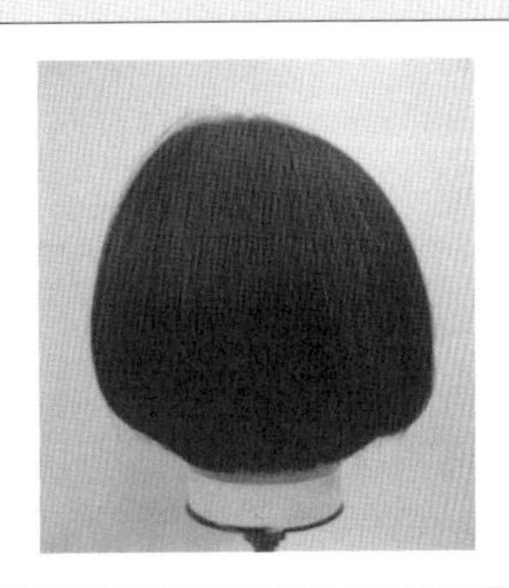

[시술 과정] - 시술 과정 사진을 붙이세요.

①

②

③

④

⑤

⑥

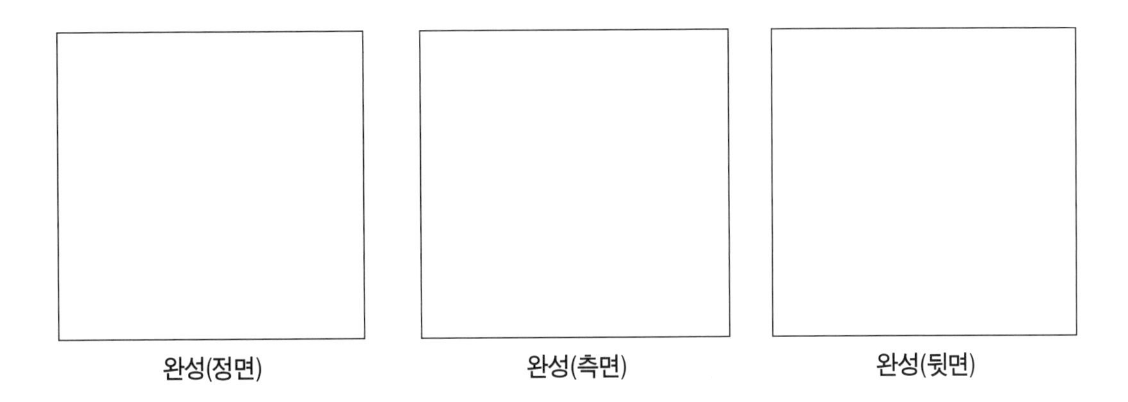

완성(정면) 완성(측면) 완성(뒷면)

[파팅 그리기]

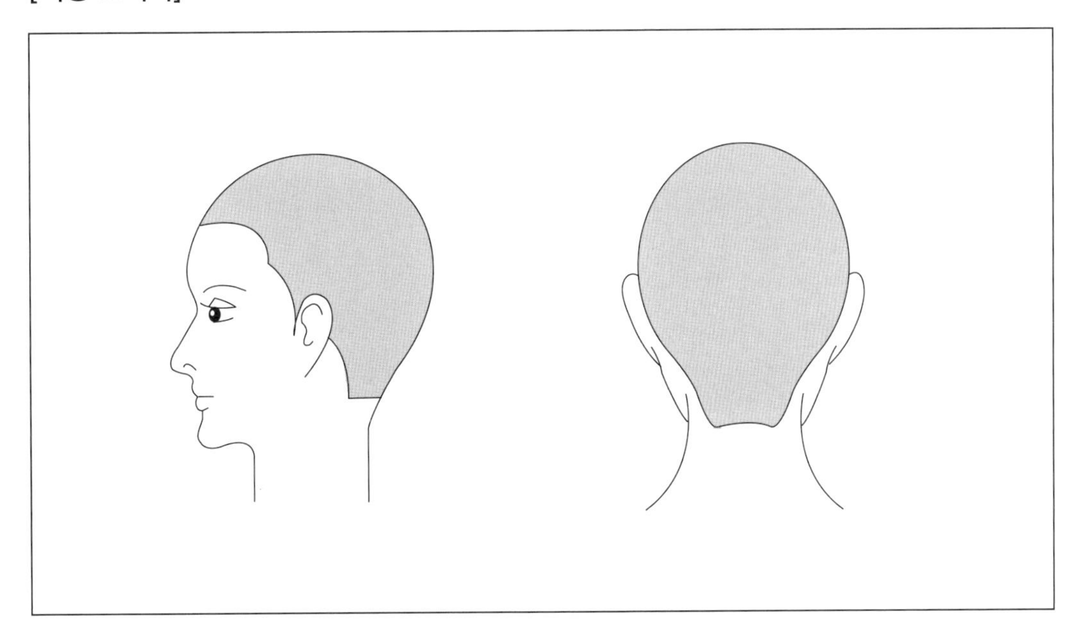

5. 미디엄 그래듀에이션 (Medium Graduation)– 컨벡스 라인

학습 내용	그래듀에이션 컨벡스 라인 (미디엄 그래듀에이션)
수업 목표	• 그래듀에이션 특징을 분석할 수 있다. • 그래듀에이션 후대각 파팅을 알 수 있다. • 그래듀에이션 헤어커트를 위해 슬라이스를 할 수 있다. • 미디엄 그래듀에이션 헤어커트를 위해 시술 각도(중간 각도)를 할 수 있다.

구조 그래픽	파팅

섹셔닝	C.P ~ N.P	E.P ~ to~ E.P
머리 위치	똑바로/앞 숙임	똑바로/앞 숙임
파팅	후대각	후대각
분배	직각	직각
시술각	중간	-
손가락 위치	평행	평행
가이드라인	이동/고정	고정
기법	블런트	블런트

미디엄 그래듀에이션 컨벡스 라인

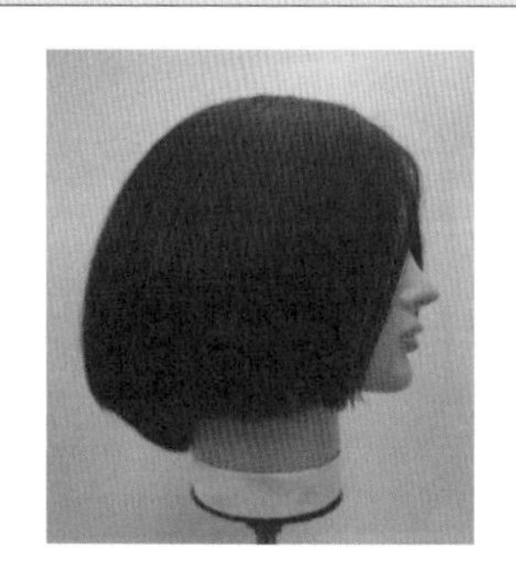

[시술 과정] - 시술 과정 사진을 붙이세요.

①

②

③

④

⑤

⑥

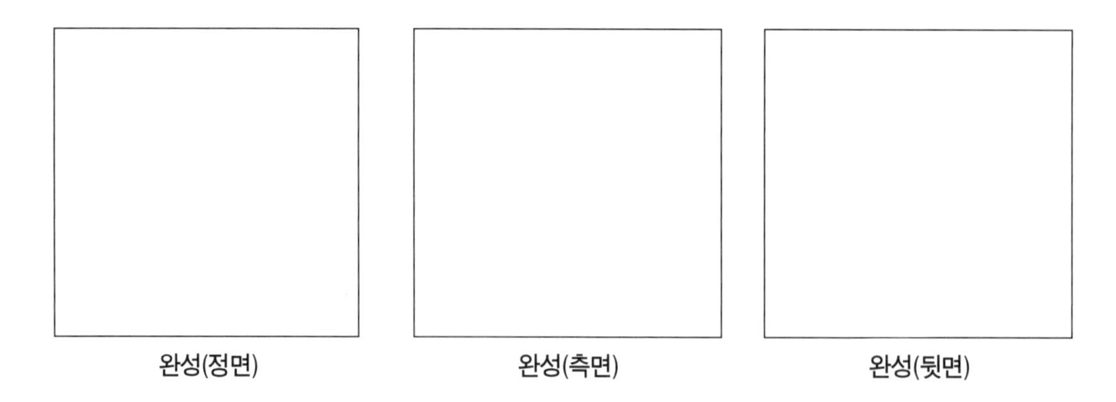

완성(정면) 완성(측면) 완성(뒷면)

[파팅 그리기]

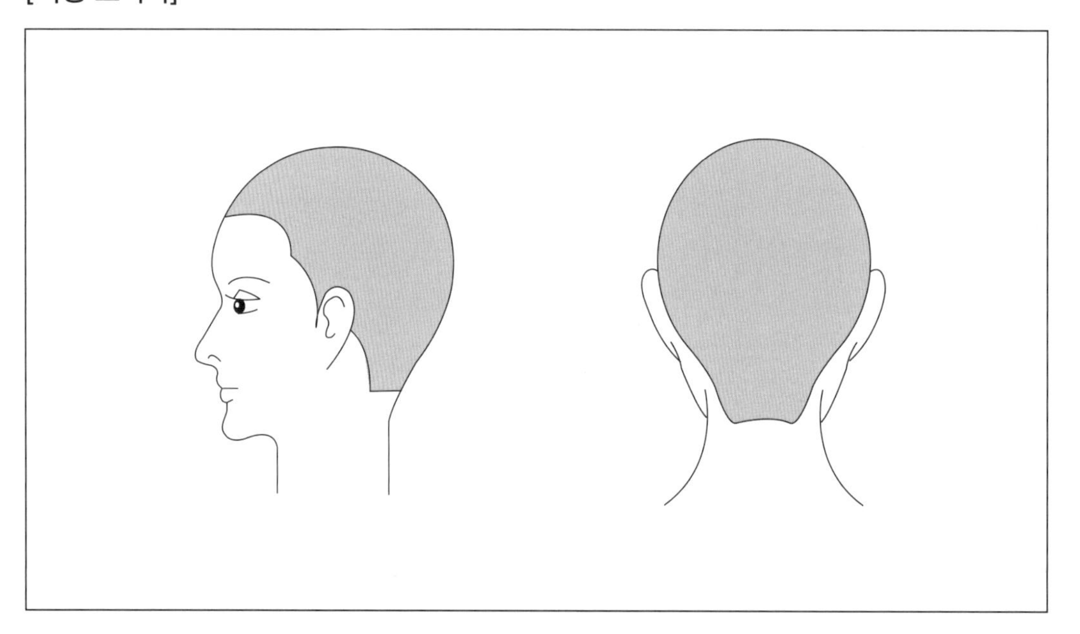

6. 하이 그래듀에이션 (High Graduation)- 컨벡스 라인

학습 내용	그래듀에이션 컨벡스 라인 (하이 그래듀에이션)
수업 목표	• 그래듀에이션 특징을 분석할 수 있다. • 그래듀에이션 후대각 파팅을 알 수 있다. • 그래듀에이션 헤어커트를 위해 슬라이스를 할 수 있다. • 하이 그래듀에이션 헤어커트를 위해 시술 각도(높은 각도)를 할 수 있다.

구조 그래픽	파팅

섹셔닝	C.P ~ N.P	E.P ~ to~ E.P
머리 위치	똑바로/앞 숙임	똑바로/앞 숙임
파팅	후대각	후대각
분배	직각	직각
시술각	높은	-
손가락 위치	평행	평행
가이드라인	이동/고정	고정
기법	블런트	블런트

하이 그래듀에이션 컨벡스 라인	
	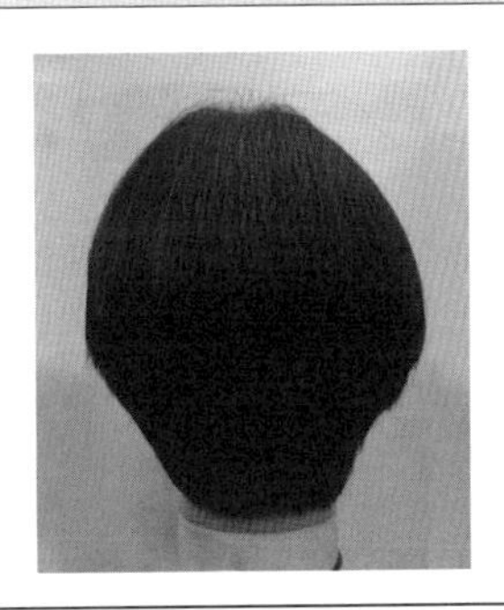

[시술 과정] - 시술 과정 사진을 붙이세요.

①

②

③

④

⑤

⑥

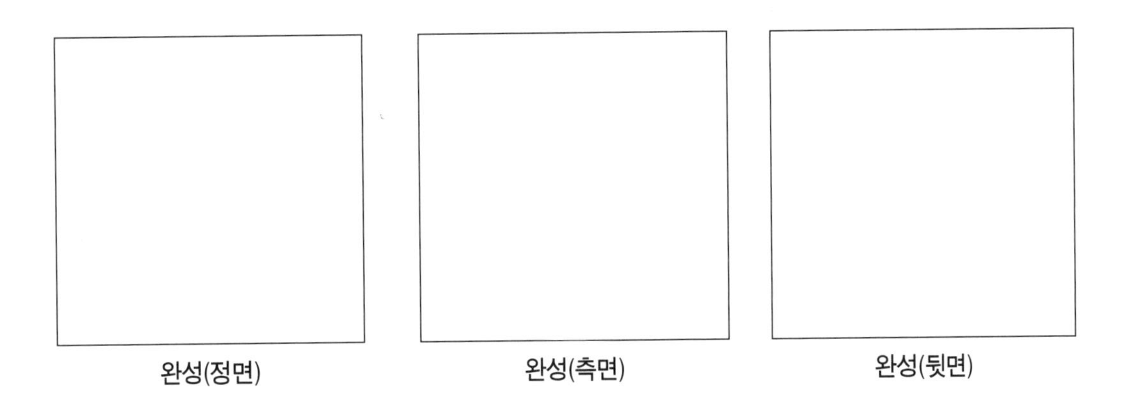

완성(정면) 완성(측면) 완성(뒷면)

[파팅 그리기]

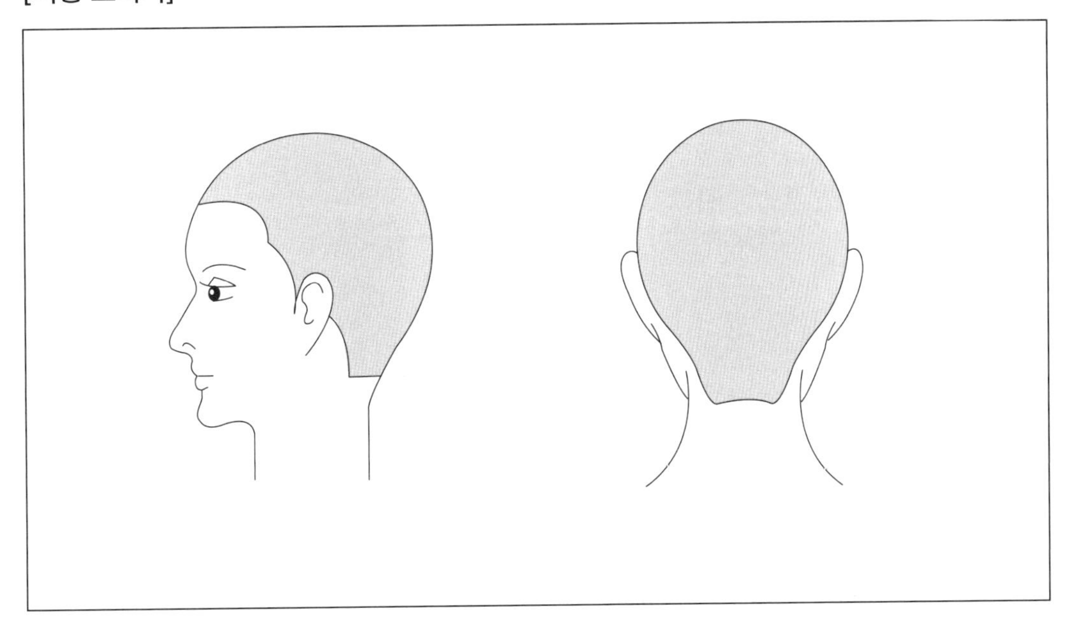

7. 그래듀에이션 (High Graduation)– 수평 라인

학습 내용	그래듀에이션 수평 라인
수업 목표	• 그래듀에이션 특징을 분석할 수 있다. • 그래듀에이션 수평 파팅을 알 수 있다. • 그래듀에이션 헤어커트를 위해 슬라이스를 할 수 있다. • 그래듀에이션 헤어커트를 위해 시술 각도(낮은 각도)를 할 수 있다.

구조 그래픽	파팅

섹셔닝	C.P ~ N.P	E.P ~ to~ E.P
머리 위치	똑바로/앞 숙임	똑바로/앞 숙임
파팅	수평	수평
분배	자연	-
시술각	낮은	낮은
손가락 위치	평행	평행
가이드라인	이동/고정	고정
기법	블런트	블런트

그래듀에이션 수평 라인

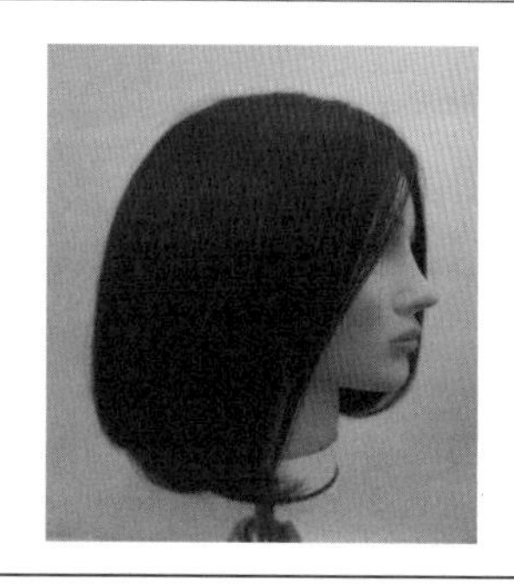

[시술 과정] - 시술 과정 사진을 붙이세요.

①

②

③

④

⑤

⑥

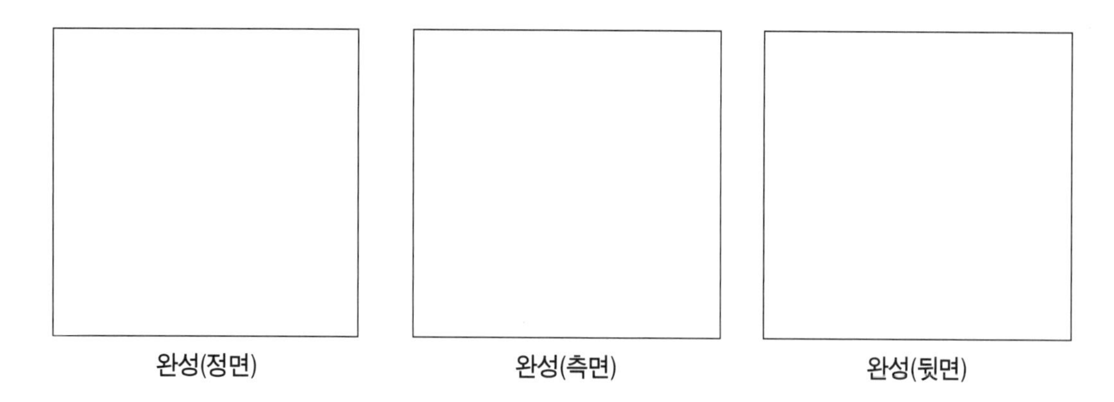

완성(정면) 완성(측면) 완성(뒷면)

[파팅 그리기]

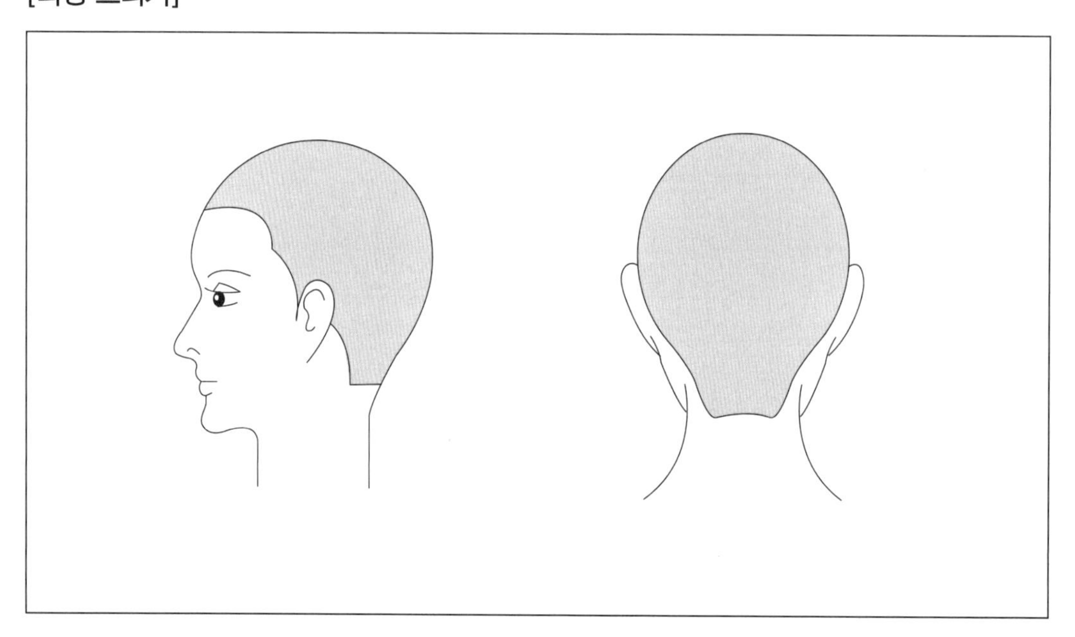

■ 그래듀에이션의 헤어스타일을 붙이세요.

특징

그래듀에이션 커트(Graduation Cut) REVIEW

1. 그래듀에이션 커트의 구조(Structure)를 그려 보세요.

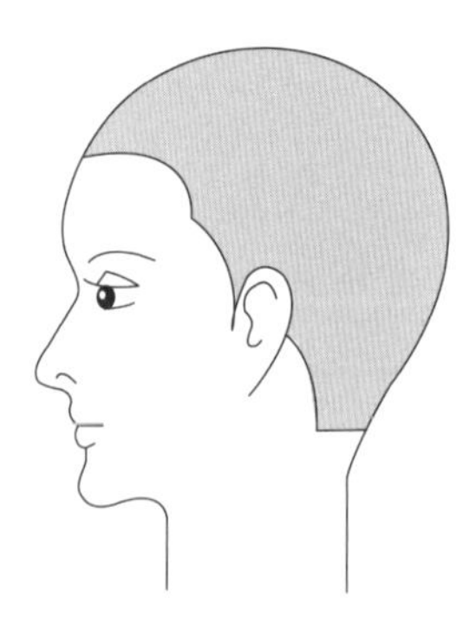

2. 그래듀에이션 커트를 시술하기 위한 각도(Angle)는?

3. 그래듀에이션 커트의 가이드라인(Guide line)은?

4. 그래듀에이션 커트의 질감(Texture)은?

5. 그래듀에이션 커트의 모양(Shape)은?

6. 그래듀에이션 커트에 사용되는 분배(Distribution)는?

09 유니폼 레이어 커트(Uniform Layer Cut)의 개요

톱과 네이프 모발 길이가 같게 둥근 모양이 되도록 모발에 많은 단차를 주어 커트하는 스타일로 커트 시 모발을 두상 90°로 들어서 커트한다. 라운드 레이어, 세임 레이어라고도 한다.

구조(Structure)	모든 모발의 길이가 동일 길이의 반복으로 무게감 없음
모양(Shape)	원형
질감(Texture)	100% 액티베이트
가이드라인(Guide Line)	이동 디자인 라인
머리 위치(Head Position)	똑바로
파팅(Parting)	수직, 수평, 피벗 파팅을 사용
분배(Distribution)	직각 분배
시술각(Angle)	두상 곡면의 90°
손가락 위치(Finger Position)	두상 곡면으로부터 평행

1. 유니폼 레이어 (Uniform Layer Cut) - 90°

학습 내용	유니폼 레이어
수업 목표	• 유니폼 레이어 특징을 분석할 수 있다. • 유니폼 레이어 피벗/수직 파팅을 알 수 있다. • 유니폼 레이어 헤어커트를 위해 슬라이스를 할 수 있다. • 유니폼 헤어커트를 위해 시술 각도(두상 90°)를 할 수 있다.

구조 그래픽	파팅

섹셔닝	C.P ~ N.P	E.P ~ to~ E.P
머리 위치	똑바로/앞 숙임	똑바로/앞 숙임
파팅	피벗/수평	수직/수평
분배	직각	직각
시술각	두상 90°	두상 90°
손가락 위치	평행	평행
가이드라인	이동	이동
기법	블런트	블런트

유니폼 레이어	
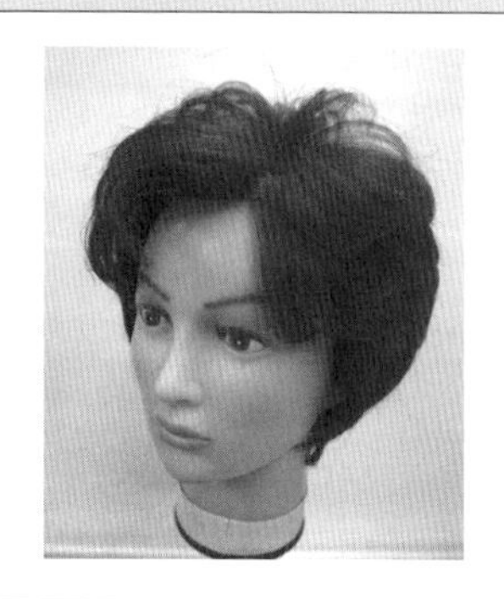	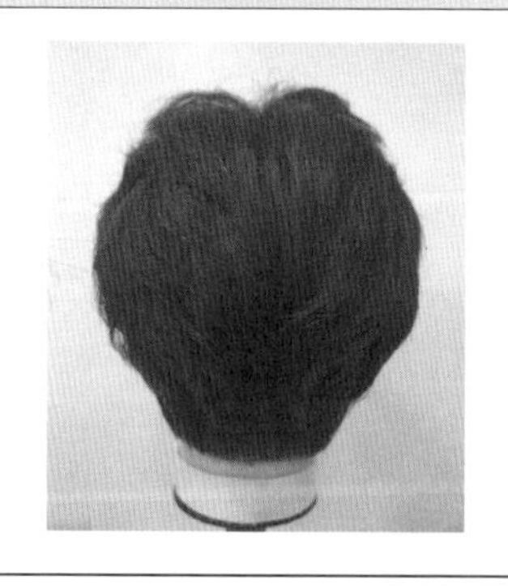

[시술 과정] - 시술 과정 사진을 붙이세요.

①

②

③

④

⑤

⑥

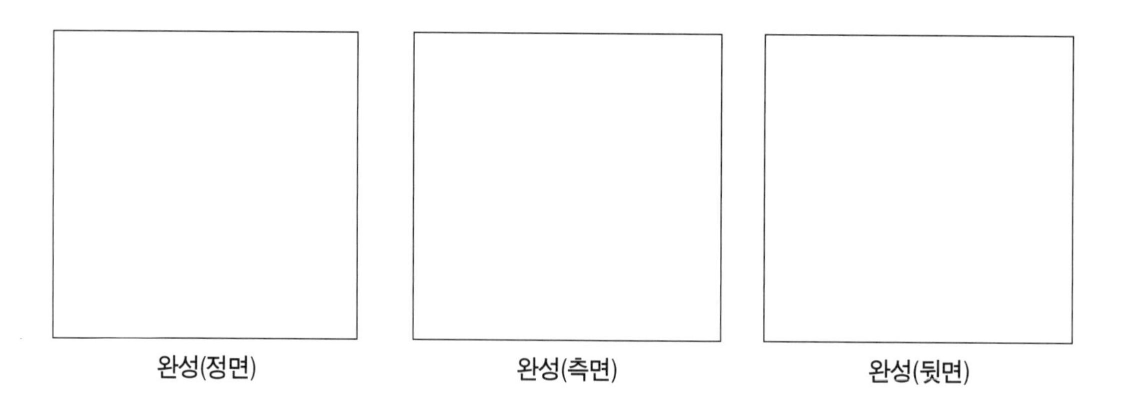

[파팅 그리기]

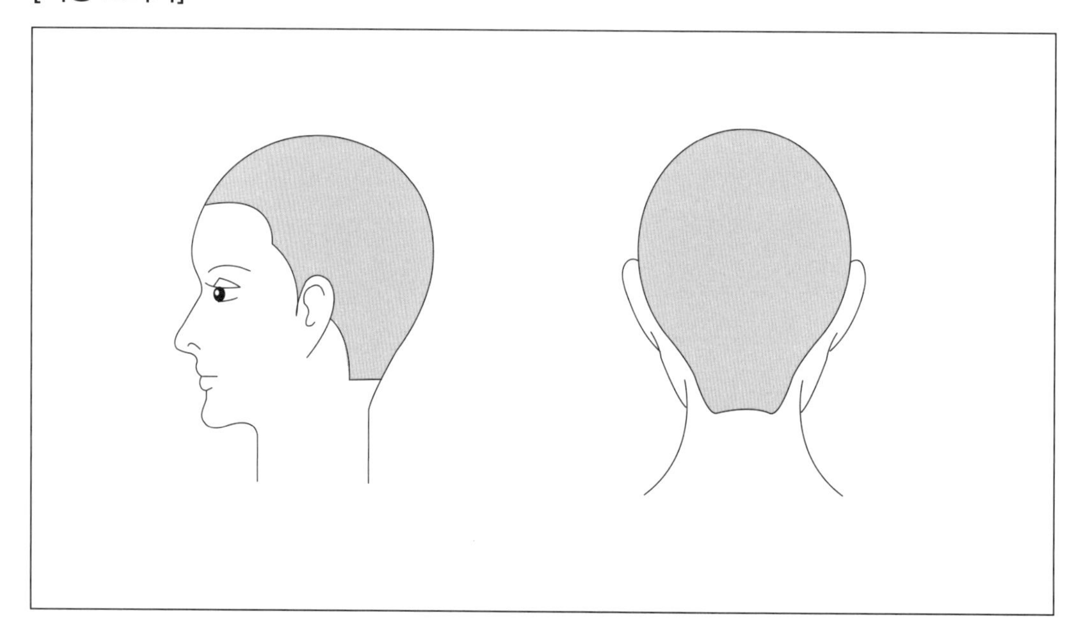

■ 유니폼의 헤어스타일을 붙이세요.

특징

유니폼 레이어 커트(Uniform Layer Cut) REVIEW

1. 유니폼 레이어 커트의 구조(Structure)를 그려 보세요.

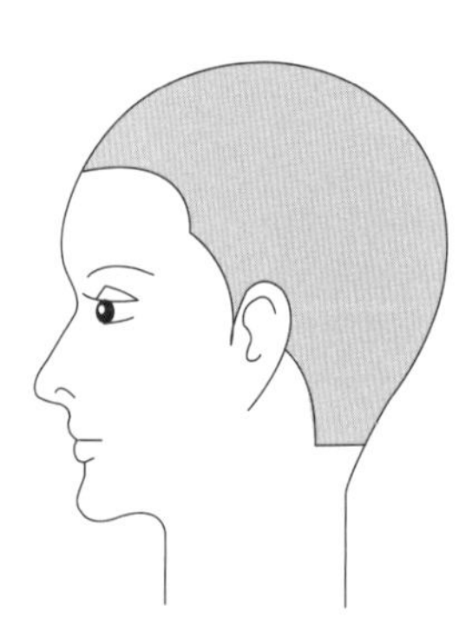

2. 유니폼 레이어 커트를 시술하기 위한 각도(Angle)는?

3. 유니폼 레이어 커트의 가이드라인(Guide Line)은?

4. 유니폼 레이어 커트의 질감(Texture)은?

5. 유니폼 레이어 커트의 모양(Shape)은?

6. 유니폼 레이어 커트에 사용되는 분배(Distribution)는?

CHAPTER

인크리스 레이어 커트(Increase Layer Cut)의 개요

인크리스 레이어는 층의 단차가 심하고 고정 디자인 라인의 위치에 유의하여 정확한 빗질이 필요하다. 모발의 길이가 톱은 짧고 네이프로 갈수록 길어지는 스타일로 두상 시술 각도 90° 이상을 적용한다.

구조(Structure)	톱이 짧고 네이프로 갈수록 모발 증가 (인테리어는 짧고, 엑스테리어로 갈수록 점진적으로 모발이 길어짐)
모양(Shape)	긴 타원형
질감(Texture)	액티베이트
가이드라인(Guide line)	고정 디자인 라인
머리 위치(Head position)	똑바로
파팅(Parting)	수직, 수평, 피벗, 대각 모두 사용
분배(Distribution)	직각 분배
시술각(Angle)	0°, 45°, 90° 90°를 많이 사용하나 머리가 닿는 거리에 따라 시술각이 증가 감소함
손가락 위치 (Finger position)	평행, 비평행

■ 레이어 커트의 종류

	유니폼 레이어	인크리스 레이어 (수직/피벗)	인크리스 레이어 (위로 똑바로)
특징	• 두상 90° • 무게감 없음 • 모발의 길이가 동일	• 시술 각도 0°, 45°, 90° • 톱에서 네이프로 갈수록 모발 길이 증가	• 고정 가이드라인 • 층이 많이 생김 • 두상 둘레에 같은 질감 생김
도해도	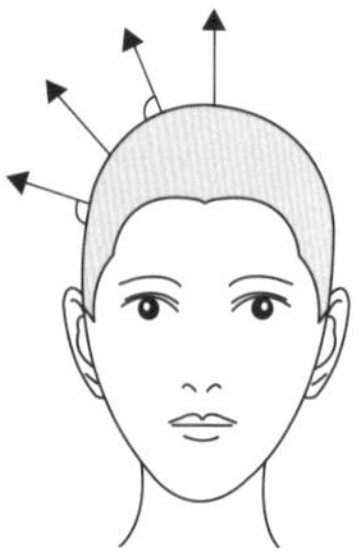	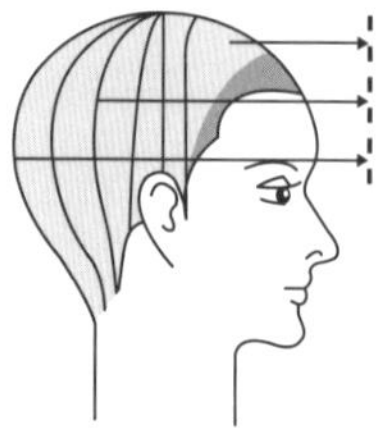	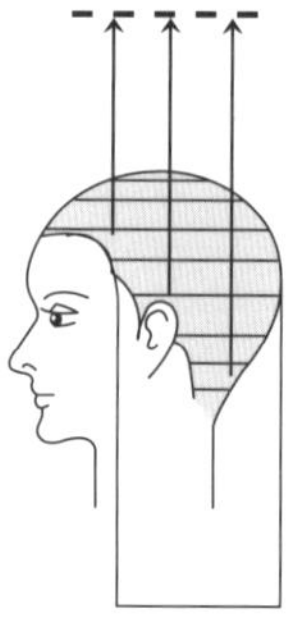
구조	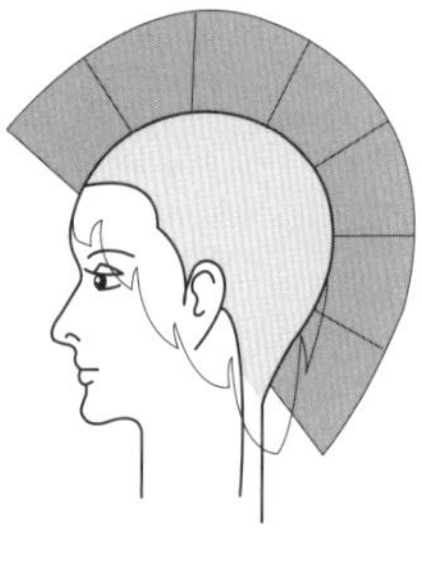	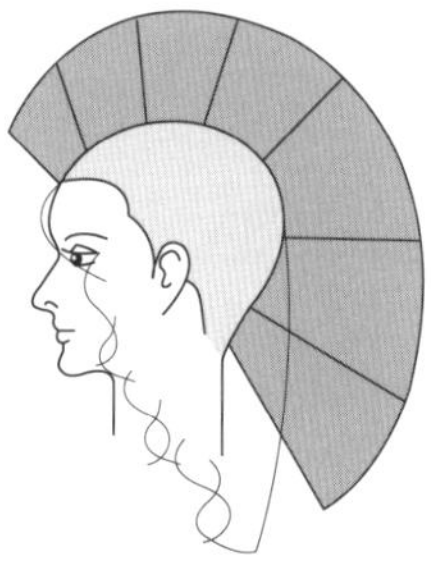	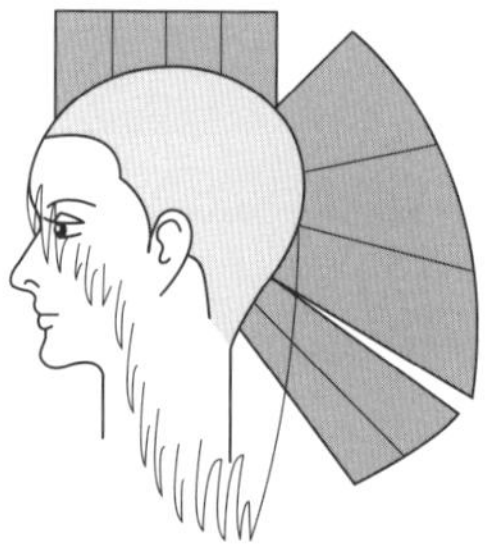
완성			

1. 인크리스 레이어 (Increase Layer Cut)- 고정 0°

학습 내용	인크리스 레이어
수업 목표	• 인크리스 레이어 특징을 분석할 수 있다. • 인크리스 레이어 수직/ 피벗 파팅을 알 수 있다. • 인크리스 레이어 헤어커트를 위해 슬라이스를 할 수 있다. • 인크리스 헤어커트를 위해 시술각도를 할 수 있다

구조 그래픽	파팅

섹셔닝	C.P ~ N.P	E.P ~ to~ E.P
머리 위치	똑바로	똑바로
파팅	피벗	수직
분배	직각	직각
시술각	천체축 0°	천체축 0°
손가락 위치	평행	평행
가이드라인	고정	고정
기법	블런트	블런트

인크리스 레이어 (고정 0°)

[시술 과정] - 시술 과정 사진을 붙이세요.

①

②

③

④

⑤

⑥

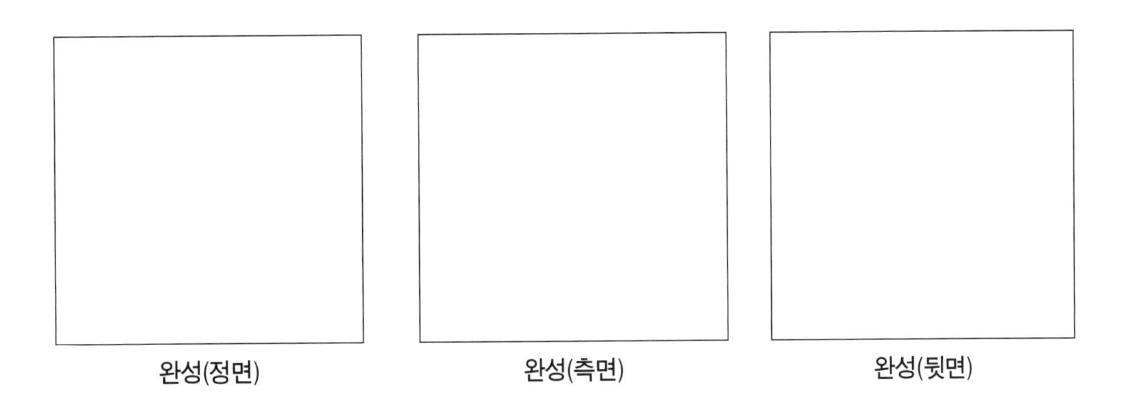

완성(정면) 완성(측면) 완성(뒷면)

[파팅 그리기]

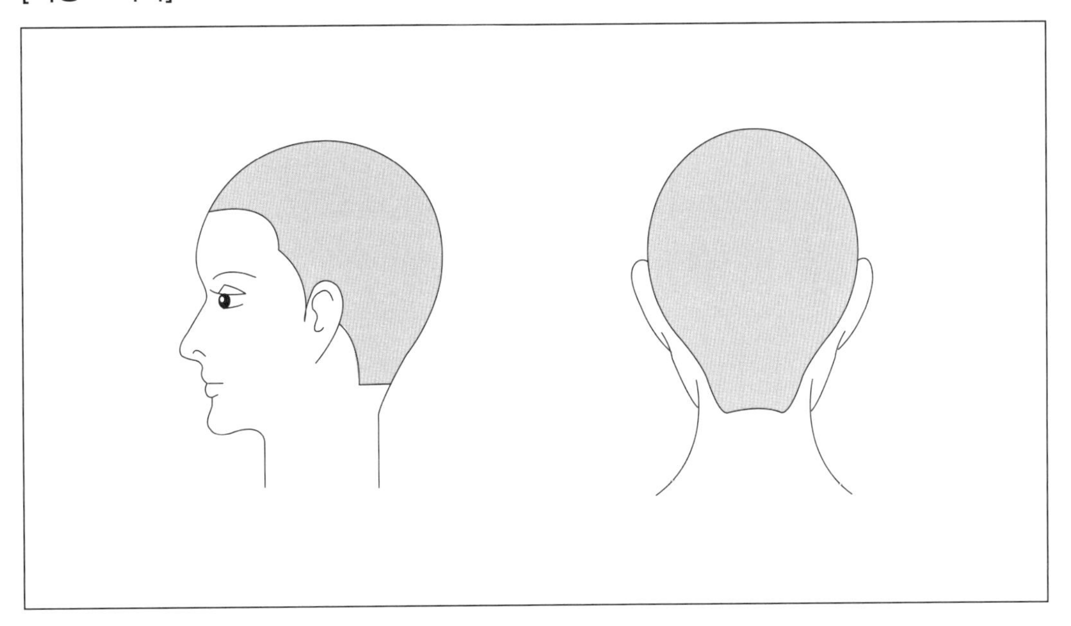

2. 인크리스 레이어 (Increase Layer Cut)- 똑바로 위/ 방향

학습 내용	인크리스 레이어
수업 목표	• 인크리스 레이어 특징을 분석할 수 있다. • 인크리스 레이어 수직/ 수평 파팅을 알 수 있다. • 인크리스 레이어 헤어커트를 위해 슬라이스를 할 수 있다. • 인크리스 헤어커트를 위해 시술각도를 할 수 있다.

구조 그래픽	피팅

섹셔닝	C.P ~ N.P	E.P ~ to~ E.P
머리 위치	똑바로	똑바로
파팅	수직	수평
분배	방향	방향
시술각	똑바로 위	똑바로 위
손가락 위치	평행	평행
가이드라인	고정	고정
기법	블런트	블런트

인크리스 레이어 (방향)	
	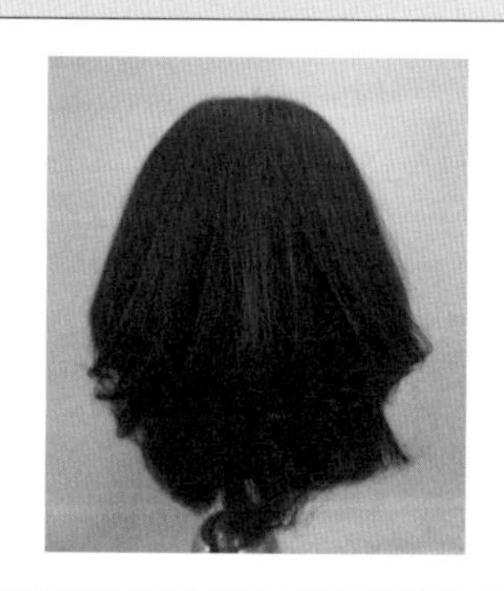

[시술 과정] - 시술 과정 사진을 붙이세요.

①

②

③

④

⑤

⑥

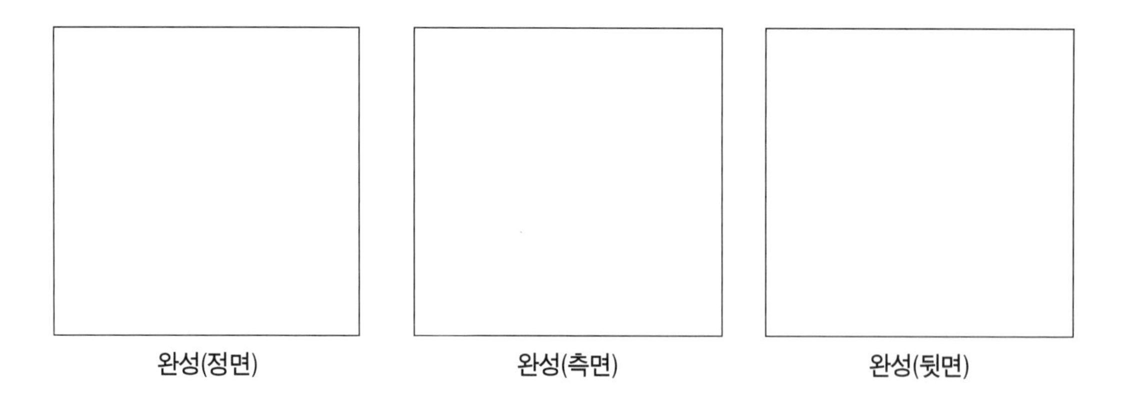

완성(정면) 완성(측면) 완성(뒷면)

[파팅 그리기]

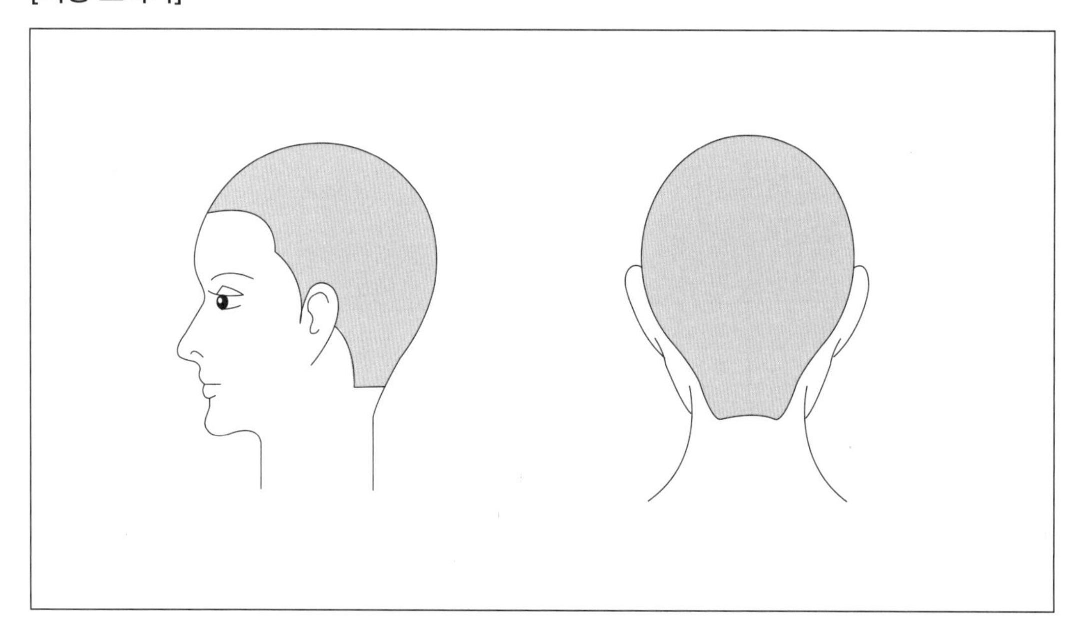

■ 인크리스 레이어의 헤어스타일을 붙이세요.

특징

인크리스 레이어 커트(Increase Layer Cut) REVIEW

1. 인크리스 레이어 커트의 구조(Structure)를 그려 보세요.

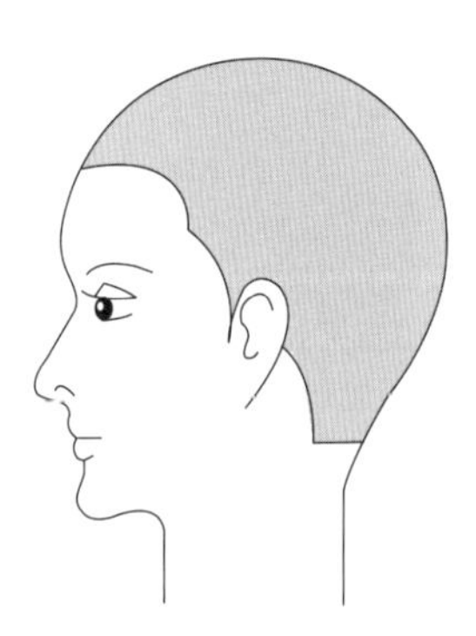

2. 인크리스 레이어 커트를 시술하기 위한 각도(Angle)는?

3. 인크리스 레이어 커트의 가이드라인(Guide Line)은?

4. 인크리스 레이어 커트의 질감(Texture)은?

5. 인크리스 레이어 커트의 모양(Shape)은?

6. 인크리스 레이어 커트에 사용되는 분배(Distribution)는?

Subject

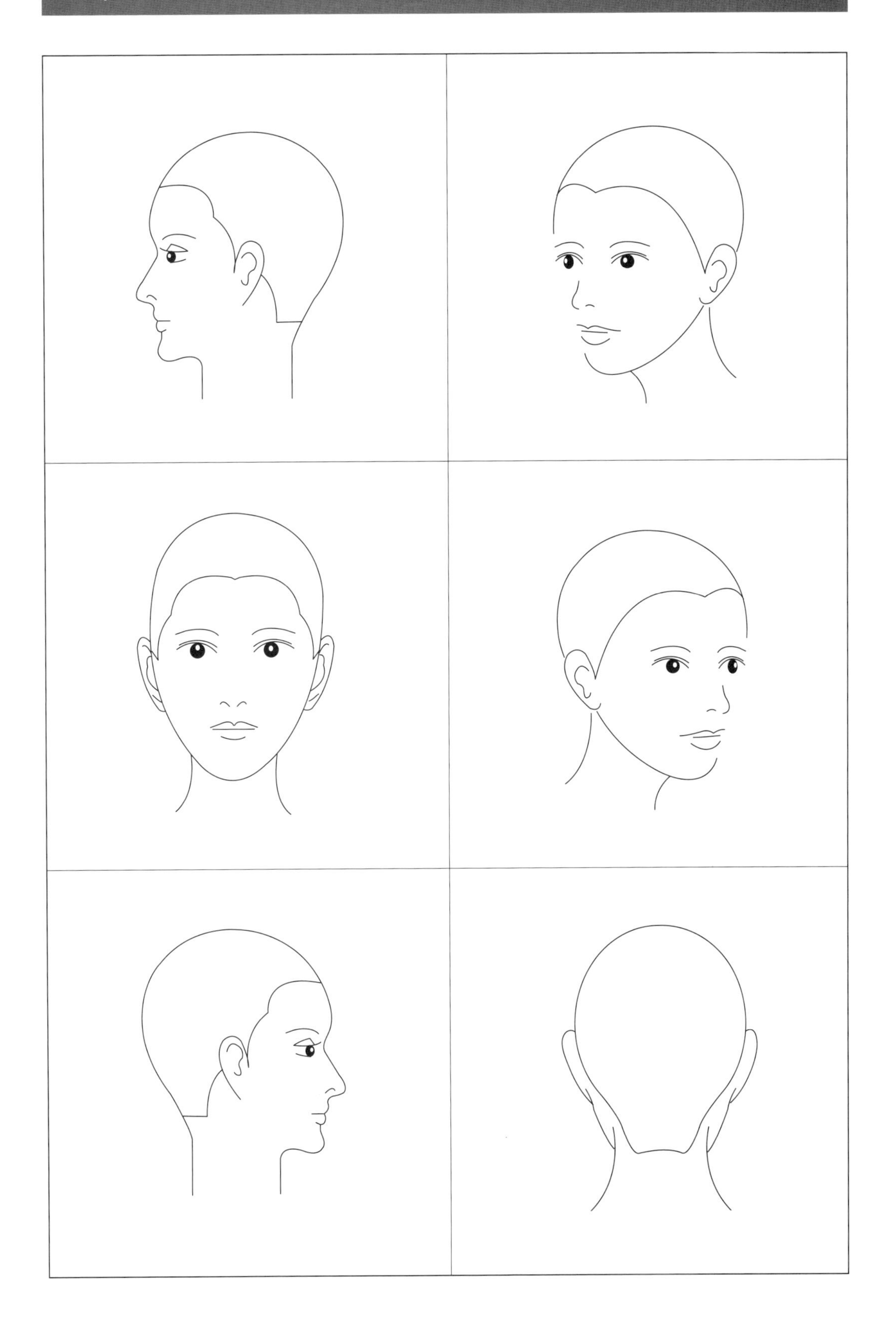

Subject

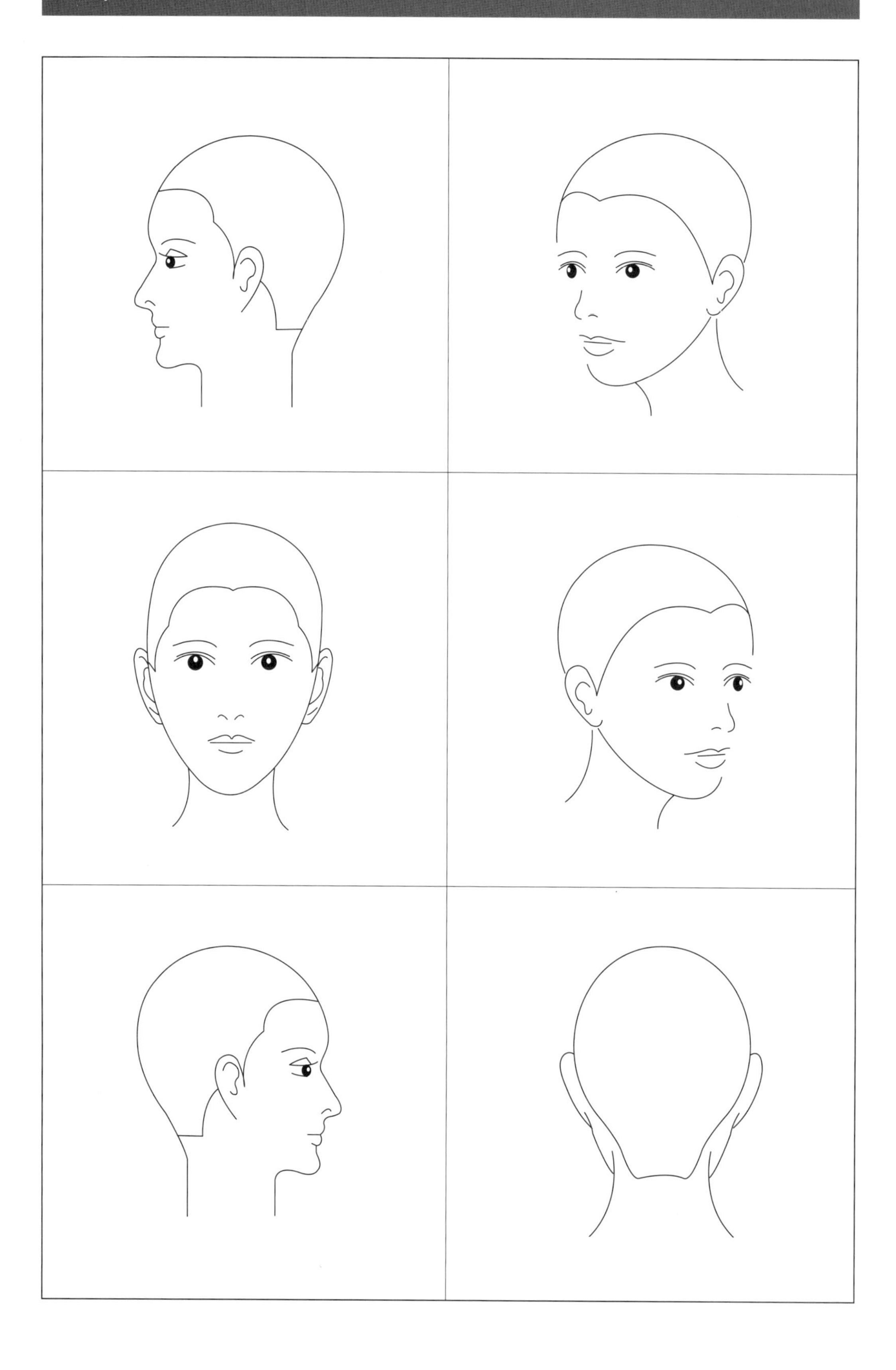

Subject

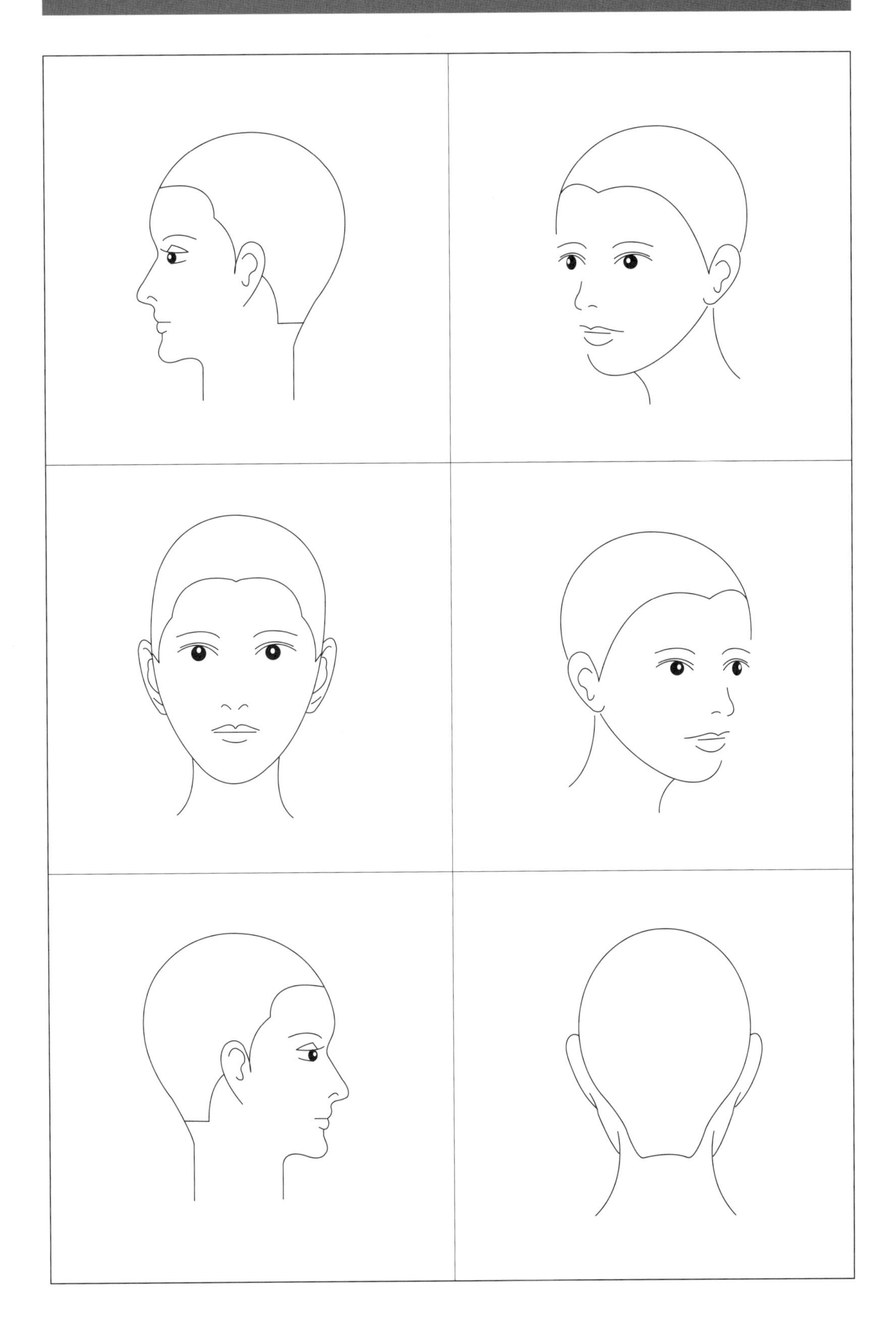

Subject

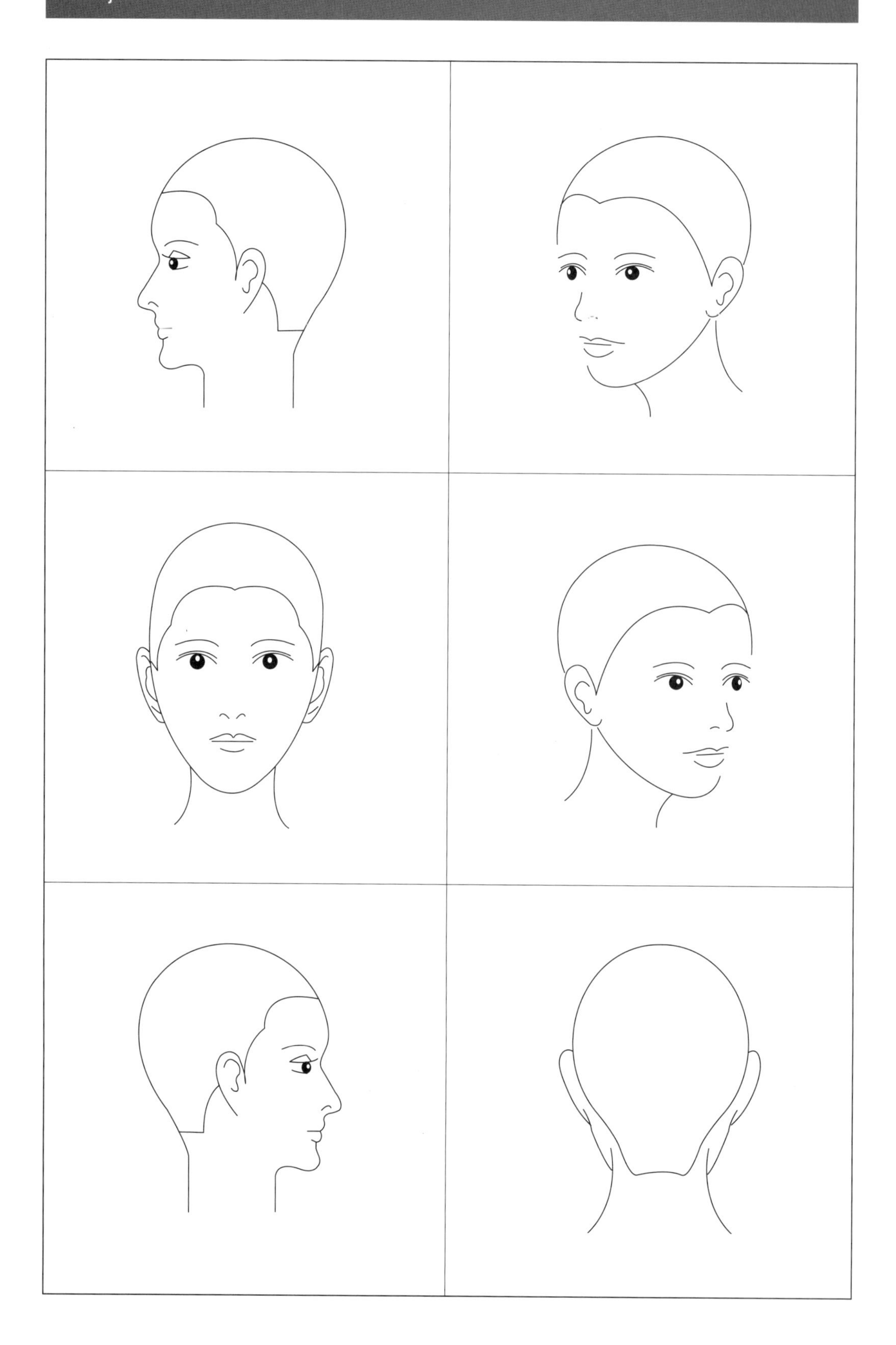

Subject

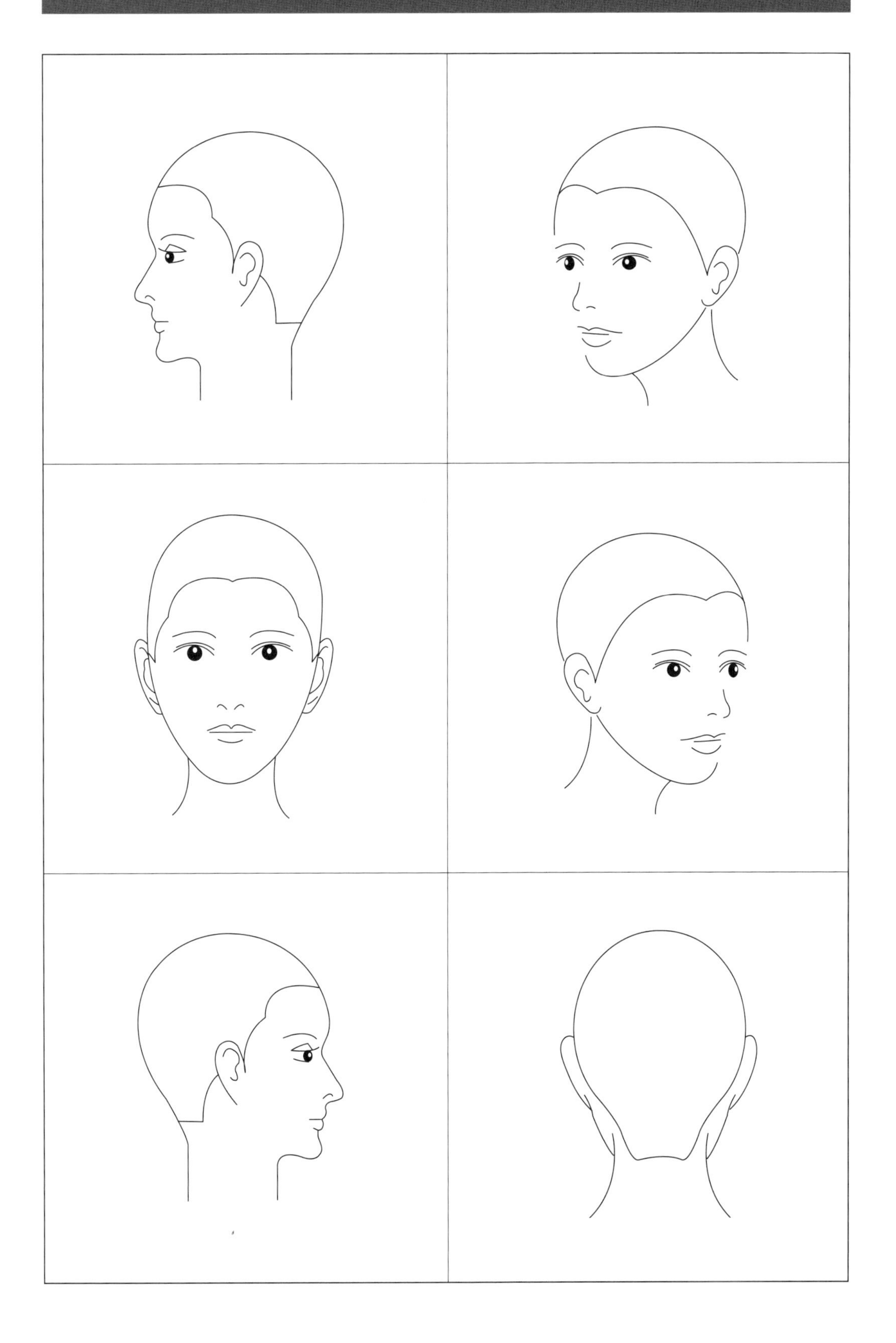

Subject

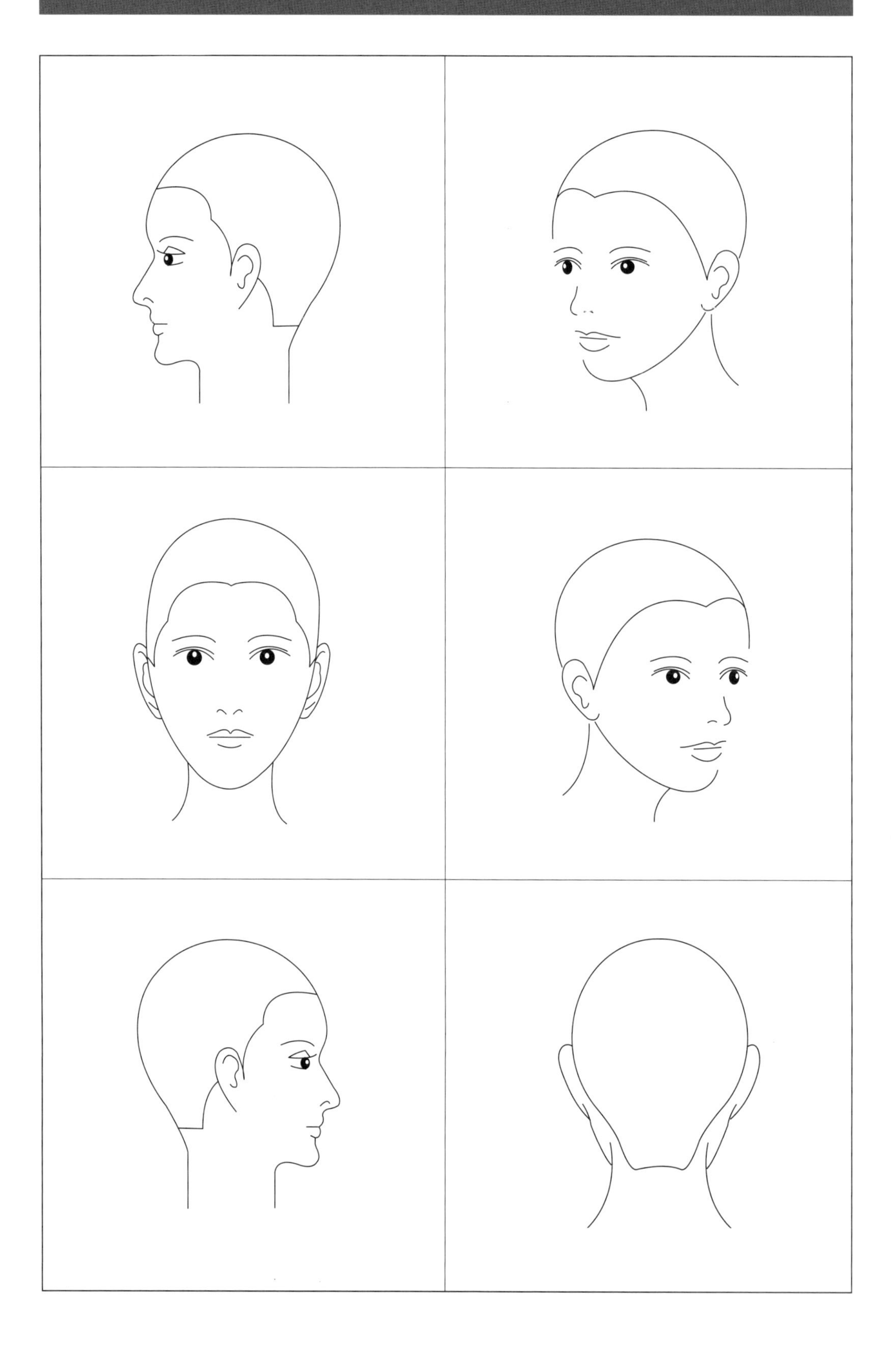

Subject

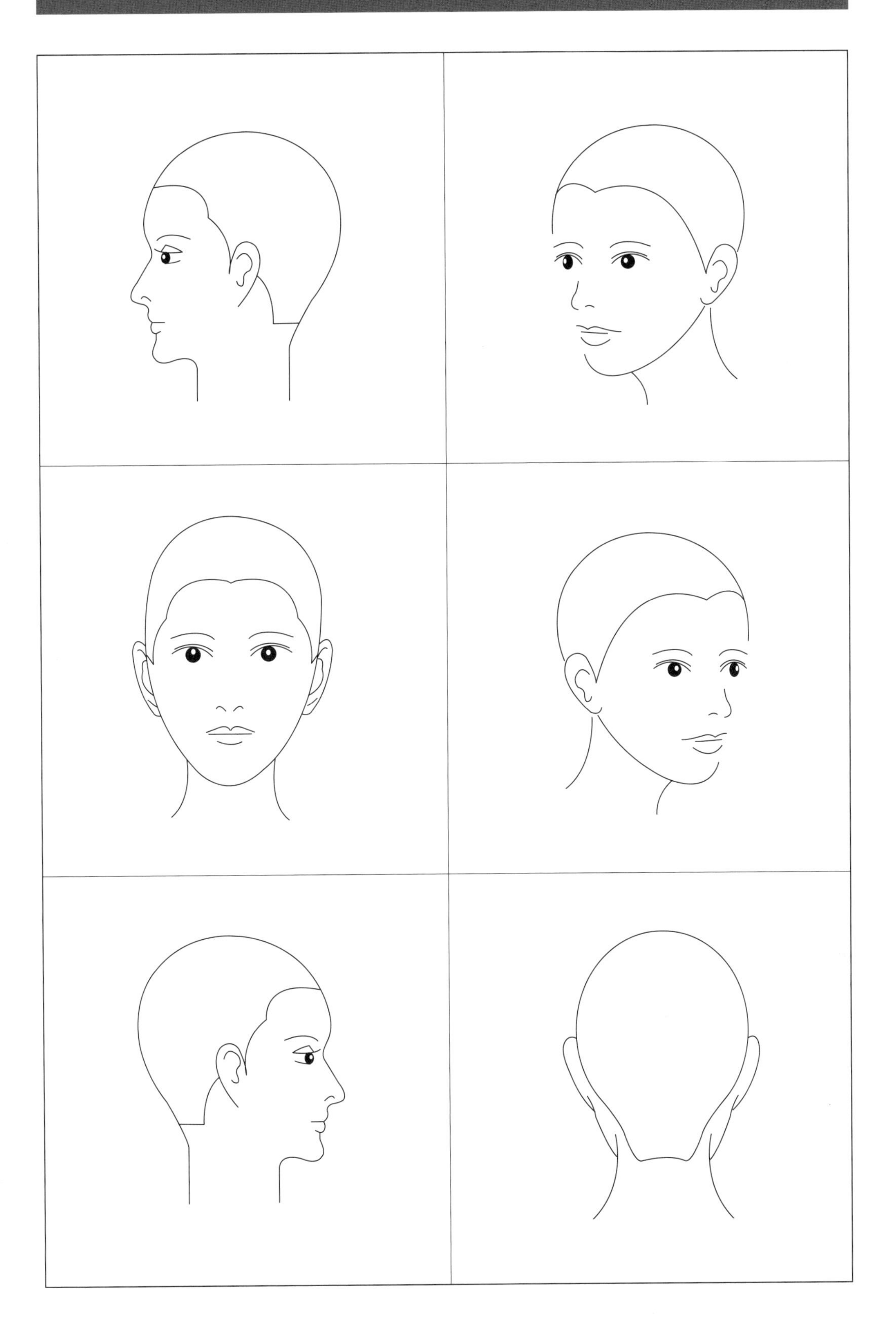

저자 소개

■ 최은정

- 현) 정화예술대학교 미용예술학부 부교수
- 건국대학교 이학박사
- 국가기술자격검정 미용장
- 국가기술자격검정 이용장
- 한국산업인력공단 이/미용장 감독위원
- 대한민국 대한명인(제 15-449호) : 헤어아트

■ 강갑연

- 현) 정화예술대학교 미용예술학부 교수
- 건국대학교 이학박사
- 과정평가형 자격지원단 위원(한국산업인력공단)
- 국가직무능력표준(NCS)활용(미용분야) 자문위원

참고문헌

DESIGN HAIR CUT, 저자 강갑연, 최은정, 도서출판 광문각, 2011

인텐시브헤어커트, 저자 손지연 외 3인, 도시출판 구민사, 2012

여성커트기본(LADIES CUT BASIC), 공복례, 도서출판 구민사, 2014

PIVOT POINT SCULPTURE LADIES, 2002, Pivot Point International. inc.

기초 헤어커트 실습서

2017년 2월 22일 1판 1쇄 인 쇄
2017년 2월 27일 1판 1쇄 발 행

지 은 이 : 최 은 정 · 강 갑 연
펴 낸 이 : 박 정 태

펴 낸 곳 : **광 문 각**

10881
경기도 파주시 파주출판문화도시 광인사길 161
광문각 B/D 4층
등 록 : 1991. 5. 31 제12-484호
전 화(代) : 031) 955-8787
팩 스 : 031) 955-3730
E - mail : kwangmk7@hanmail.net
홈페이지 : www.kwangmoonkag.co.kr

ISBN : 978-89-7093-829-5 93590

값 : 14,000원

한국과학기술출판협회회원